Souha Gharbi
Salam Labidi
Mouna Bouaziz

Optimisation de la dose d'irradiation en tomodensitométrie

Souha Gharbi
Salam Labidi
Mouna Bouaziz

Optimisation de la dose d'irradiation en tomodensitométrie

Apport des nouveaux algorithmes dans
l'optimisation de la dose d'irradiation en TDM

Presses Académiques Francophones

Imprint
Any brand names and product names mentioned in this book are subject to trademark, brand or patent protection and are trademarks or registered trademarks of their respective holders. The use of brand names, product names, common names, trade names, product descriptions etc. even without a particular marking in this work is in no way to be construed to mean that such names may be regarded as unrestricted in respect of trademark and brand protection legislation and could thus be used by anyone.

Cover image: www.ingimage.com

Publisher:
Presses Académiques Francophones
is a trademark of
International Book Market Service Ltd., member of OmniScriptum Publishing Group
17 Meldrum Street, Beau Bassin 71504, Mauritius

Printed at: see last page
ISBN: 978-3-8416-3311-8

Copyright © Souha Gharbi, Salam Labidi, Mouna Bouaziz
Copyright © 2015 International Book Market Service Ltd., member of OmniScriptum Publishing Group
All rights reserved. Beau Bassin 2015

Optimisation de la dose d'irradiation en tomodensitométrie

<u>*Auteur principal*</u> : Melle GHARBI Souha

<u>*Co-auteur & auteur de référence*</u> : Mme YACOUBI LABIDI Salam

<u>*Co-auteur :*</u> Mme CHELLI BOUAZIZ Mouna

Sommaire

Introduction générale 10

Chapitre I 12

La Tomodensitométrie 12

Introduction 13

    I.1. Principe physique 13

    I.2. Chaine de scanographie 15

    I.3. Classification 16

        I.3.1. Scanner 1ère Génération 16

        I.3.2. Scanner 2ème Génération 16

        I.3.3. Scanner 3ème Génération 17

        I.3.4. Scanner 4ème Génération 18

        I.3.5. Scanner 5ème Génération 18

    I.4. Mode d'acquisition 19

        I.4.1 Acquisition séquentiel 19

        I.4.2. Acquisition Hélicoïdale 20

    I.5. Paramètres d'acquisition 20

        I.5.1. Collimation 20

        I.5.2. La vitesse de rotation 21

        I.5.3. Le kilovoltage 21

        I.5.4. Le produit de l'intensité par le temps d'émission de rayons X (mAs) 22

        I.5.5. Déplacement de la table 22

Conclusion 22

Chapitre II 23

La Radioprotection de patient 23

Introduction 24

    II.1. Définition de la radioprotection 24

II.2. Organismes internationaux 24

II.2.1.Comité Scientifique des Nations Unies pour l'Etude des Effets des R.I 24

II.2.2. La Commission Internationale de Protection Radiologique (CIPR) 25

II.2.3. La Communauté Européenne 25

II.3. Les principes fondamentaux de la radioprotection 26

II.3.1. Principe de justification 26

II.3.2. Principe d'optimisation (ALARA) 26

II.3.3. Les Niveaux de Référence Diagnostiques (NRD) 27

II.4. Grandeurs dosimétriques 27

II.4.1. Les grandeurs et unités de radioprotection 27

II.4.2. Indicateur dosimétrique en tomodensitométrie 30

II.5. Risques liés à la dose de rayonnement en scannographie 34

II.5.1. Les effets déterministes 34

II.5.2. Les effets stochastiques 34

Conclusion *35*

Chapitre III *36*

Techniques de réduction de la dose en scanographie *36*

Introduction *37*

III.1. Techniques de réduction de la dose en tomodensitométrie 37

III.1.1. Techniques de réduction de la dose en tomodensitométrie selon Siemens 37

III.1.2. Techniques de réduction de la dose en scanner selon Général Electrique 44

III.1.3. Techniques de réduction de la dose en tomodensitométrie selon Toshiba 47

III.1.4. Techniques de réduction de la dose en tomodensitométrie selon Philips 50

III.1.5. Etude comparative des techniques de réduction de la dose 52

III.2. Les algorithmes de réduction de bruit 53

III.2.1. Notions des algorithmes itératifs 53

III.3. Etude comparative des techniques de réduction de bruit 59

Conclusion *60*

Chapitre IV *61*

Contrôle de qualité *61*

Introduction *62*

    IV.1. Matériel utilisé 62

    IV.2. Etude expérimentale 62

        IV.2.1. Contrôle qualité du scanner Siemens 62

        Conclusion 75

Chapitre V :Evaluation des techniques de réduction de la dose *76*

Introduction ....

    V.1. Influence des paramètres d'acquisition sur la dose 77

        V.1.1. Influence de la variation de la charge sur la dose 77

        V.1.2. Influence de la variation des kV sur la dose 78

        V.1.3. Influence de la variation du pas d'hélice « pitch » sur la dose 80

    V.2. Examen avec modulation de la dose Siemens 81

        V.2.1. Examen cérébral sans la technique « CARE Dose 4D » 81

        V.2.2. Examen cérébral avec la technique de « CARE Dose 4D » 82

        V.2.3. Examen Abdominal sans la technique « CARE Dose 4D » 85

        V.2.4. Examen Abdominal avec la technique de « Care Dose 4D » 86

        V.2.5. Examen périphérique sans la technique « CARE Dose 4D » 89

        V.2.6. Examen périphérique avec la technique de « Care Dose 4D » 90

    V.3. Examen cérébral avec la technique de reconstruction itérative SAFIRE 90

    V.4. Elaboration des nouveaux NRD 93

Conclusion *94*

Conclusion générale *95*

Références bibliographiques *98*

Liste des abréviations

ASIR : Adaptive Statistical Iterative Reconstruction

AIDR /AIDR 3D : Adaptive itérative dose réduction

AIEA : Agence Internationale de l'Énergie Atomique

CTDI$_W$: Index de dose scanographique pondérée

CIPR : Commission internationale de protection radiologique

CEI : Commission Européenne International

CTDI : Index de dose scanographique

EMI : Electronical Musical Instrumental

GE : Général électrique

ONU : Organisation des Nations Unies

IRIS : Technique de reconstruction itérative dans l'espace d'image

mAs : Produit milliampère-seconde

SAFIRE : Technique de reconstruction itérative dans l'espace des données brutes

TDM : Tomodensitométrie

UNSCEAR : Comité Scientifique des Nations Unies pour l'étude des effets des rayonnements ionisants

PDL : Produit dose longueur

FWHM : largeur à mis hauteur

FBP : Field Back Projection

Liste des figures

Figure I.1 : Principe de tomodensitométrie..12

Figure I.2 : Echelle de Hounsfield...14

Figure I.3 : Scanner 1ére génération..15

Figure I.4 : Scanner 2ére génération..16

Figure I.5 : Scanner 3ére génération..16

Figure I.6 : Scanner 1ére génération..17

Figure I.7 : Scanner 1ére génération..18

Figure I.8 : Mode séquentielle..18

Figure I.9 : Acquisition volumique 19

Figure I.10 : Variation du kV...20

Figure I.11 : Mode séquentielle..20

Figure II.1 : Les organismes internationaux de radioprotection 24

Figure II.2 : Méthode du « 75éme percentile »...26

Figure II.3 : Profil de la dose 29

Figure II.4 : Fantôme de mesure de la dose...30

Figure III.1 : Profil d'atténuation des RX le long de l'axe z pour une acquisition spiralée.....31

Figure III.2 : Interface utilisateur du scanner...37

Figure III.3 : Qualité d'image amélioree avec la technique CARE Dose 4D..............38

Figure III.4 : Protocole CARE kV en mode ''off ''...39

Figure III.5 : Protocole CARE kV en mode ''on ''..40

Figure III.6 : Protocole CARE kV en mode ''semi ''..41

Figure III.7 : Collimateur primaire classique 41

Figure III.8 : Collimateur avec protection adaptative du patient................42

Figure III.9 : Modulation manuelle de la dose..............44

Figure III.10 : Modulation automatique de la dose « Auto mA »..............44

Figure III.11 : Sélection de l'indice de bruit de référence..............45

Figure III.12 : Dispositif de collimation 45

Figure III.13 : Principe de la technique d'exposition 3D..............46

Figure III.14: Sélection des paramètres globaux d'acquisition 47

Figure III.15: Sélection des paramètres spécifiques d'acquisition 47

Figure III.16: Collimateur actif..............48

Figure III.17: La technique « Dose right » de philips..............49

Figure III.18: Collimateur Eclipse..............49

Figure III.19 : Comparaison entre FBP et IRIS..............50

Figure III.20: Comparaison entre la qualité d'image avec la FBP et IRIS..............53

Figure III.21: Reconstruction itérative dans l'espace des données brutes (Safire)..............54

Figure III.22: Amélioration de la qualité d'image avec la technique (Safire)..............55

Figure III.24: Technique AIDR 3D..............55

Figure III.25: Technique ''iDOSE''..............56

Figure IV.1 :Scanner ''Somatom Emotion 6''..............57

Figure IV.2 : Alignement du fantôme ''catphan 600 CT''..............57

Figure IV.3 : Mesure de décalage 63

Figure IV.4 : Mesure de l'épaisseur de coupe..............63

Figure IV.5 : Détermination de la distance intercoupe théorique..............64

Figure IV.6 : Détermination de la distance intercoupe pratique..................65

Figure IV.7 : Vérification de la symétrie circulaire du système d'affichage..................66

Figure IV.8 : Vérification de la linéarité spatiale..................66

Figure IV.9 : Vérification du contraste..................67

Figure IV.10 : Mesure de la densité à 80 kV..................68

Figure IV.11 : Vérification de la résolution spatiale..................70

Figure IV.12 : Vérification de la détectabilité à faible contraste..................70

Figure IV.13 : Vérification de l'uniformité..................71

Figure IV.14 : Fantôme tête de 16 cm de diamètre..................73

Figure IV.15: Fantôme corps de 32 cm de diamètre..................73

Figure V.1: Courbe de la CTDIvol en fonction des mAs..................78

Figure V.2: Courbe de la CTDIvol en fonction des kV..................79

Figure V.3: Courbe de la CTDIvol en fonction de pitch..................80

Figure V.4: Profil d'acquisition..................81

Figure V.5: CTDIvol et DLP sans la technique de CARE Dose 4D..................82

Figure V.6: CTDIvol et DLP avec la technique de CARE Dose 4D..................83

Figure V.7: Modulation automatique des mAs en fonction de la région explorée..................84

Figure V.8: Profil d'acquisition..................85

Figure V.9: CTDIvol et PDL sans la technique de CARE Dose 4D..................85

Figure V.10 : CTDIvol et PDL sans la technique de CARE Dose 4D..................86

Figure V.11 : Modulation des mAs en fonction de la région explorée..................87

Figure V.12 : Interface utilisateur du scanner montrant les CTDIvol et PDL..................88

Figure V.13: Interface utilisateur du scanner montrant les CTDIvol et PDL..................89

Figure V.14 : Interface de reconstruction avec la méthode SAFIRE 90

Figure V.15 : Des images réalisées avec des filtres de reconstruction 91

Figure V.16 : CTDIvol et PDL en combinant Safire et « CARE DOSE 4D 93

Liste des tableaux

Tableau II.1 : Facteurs de pondération (Wr) 27

Tableau II.2 : Les facteurs de pondération tissulaires 28

Tableau II.3 : Facteur de conversion selon la zone anatomique explorée 32

Tableau II.4 : Niveaux de référence en scanographie chez l'adulte 33

Tableau III.1: Etude comparative de réduction de dose entre les différents types scanners 51

Tableau III.2.Etude comparative de réduction de bruit entre les différents types scanners. 58

Tableau IV.1 : Tableau de mesure de l'épaisseur de coupe 64

Tableau IV.2 : les valeurs de densités mesurés selon le kV choisis 68

Tableau IV.3: Résulats des mesures de la précision des mouvements de la table 69

Tableau IV.4: Mesure des densités à faible contraste 71

Tableau IV.5: Mesure de la CTDIvol pour le protocole tête 73

Tableau IV.6: Mesure de la CTDIvol pour le protocole corps 74

Tableau V.1 : Mesure de la CTDIvol et de PDL avec kV fixe 77

Tableau V.2 : Mesure de la CTDIvol et de PDL avec charge fixe 78

Tableau IV.3 : Mesure de la CTDIvol et de PDL avec mAs et kV fixe 79

Introduction générale

Les méthodes d'examen non invasives du corps humain pratiquées par le corps médical utilisent plusieurs moyens d'imageries basés sur l'application de rayonnements ionisants. Ces applications médicales continuent à augmenter malgré le développement de techniques non irradiantes "concurrentes". Elles restent indispensables dans l'état actuel de la science. Compte tenu du risque potentiel de l'utilisation des rayonnements ionisants sur l'être humain, ces techniques d'examen doivent être mieux maîtrisées par les professionnels de santé aussi bien pour assurer la radioprotection des personnels que celle des patients. En effet, le niveau d'irradiation résultant d'examens d'imagerie médicale est actuellement du même ordre que celui dû à des sources de rayonnements naturelles, qui atteint 3,1 mSv par an [1]. Cette tendance s'observe dans tous les pays industrialisés et devrait progressivement se propager dans toutes les régions du monde. Aux États-Unis, par exemple, la dose des rayonnements annuelle par personne due à une exposition pour des raisons médicales a grimpé de 0,53 à 3,1 mSv au cours des trente dernières années [2]. En France, la dose efficace moyenne par habitant du fait des examens radiologiques à visée diagnostique a augmenté entre 2002 et 2007 de 0,83 à 1,3 millisievert (mSv) par an et par habitant [3].

Au cours de la dernière décennie, la technique des examens par scanner a fait des progrès remarquables en comparaison avec d'autres méthodes d'imagerie diagnostique. Malgré ces progrès, le scanner délivre tout de même la plus forte dose de radiation parmi toutes les techniques radiologiques utilisées. La tomodensitométrie (CT) ou scanographie, fait l'objet de toutes les attentions. En effet bien que les avantages de la CT soient généralement reconnus, les discussions des risques potentiels associés à la dose au patient ont grandi d'une manière surprenante. La fréquence des examens de tomodensitométrie a augmenté de 4,2 % de l'ensemble examens radiologiques en 1996 à 7 % en 2006 [2]. Il est donc particulièrement important de connaître et d'optimiser les doses délivrées en scanographie. Les évaluations dosimétriques en scanographie sont complexes et peuvent concerner des grandeurs très diverses : il faut donc les définir avec précision si on veut les corréler aux paramètres techniques et choisir parmi ces grandeurs celles auxquelles on affectera des niveaux de référence diagnostiques.

L'objectif à atteindre, est de définir les outils permettant de délivrer la dose la plus faible possible, compatible avec la qualité d'image nécessaire à l'obtention de l'information diagnostique désirée et d'établir des niveaux de référence diagnostiques (NRD) qui sont des indicateurs servant de guide pour la mise en œuvre du principe d'optimisation. Par ailleurs, le respect des niveaux de référence n'est pas automatiquement un critère de bonne pratique. Il ne dispense aucunement de poursuivre la démarche d'optimisation des doses, en gardant comme critère permanent, indissociable de la dosimétrie, la qualité diagnostique des images. Il sera alors possible de faire évoluer les niveaux de référence en fonction de l'amélioration des pratiques et de l'évolution technologique des appareils.

Notre travail sera organisé de la façon suivante :

Le premier chapitre présentera quelques généralités sur la tomodensitométrie. Nous aborderons, d'une manière succincte, les principes de base physiques de la tomographie à rayons-x, puis un bref aperçu sur l'amélioration continue de ces performances techniques ainsi que les différents modes et paramètres d'acquisitions utilisées dans un examen CT.

La radioprotection du patient, les grandeurs dosimétriques et les normes qui forment l'ensemble des moyens mis en œuvre dans le but de limiter l'exposition de l'homme aux effets néfastes des rayonnements ionisants lors d'un examen scanographique seront présentés dans le deuxième chapitre.

On intéressera dans le troisième chapitre à la description des principales techniques et algorithmes mis en œuvre visant à diminuer la dose en tomodensitométrie et les méthodes capables de réduire le bruit de l'image sans nuire à sa qualité ni à la visualisation des détails, avec une dose délivrée au patient équivalente.

Pour s'assurer de la conformité et de la stabilité des performances de l'appareil, on consacrera le quatrième chapitre à l'application de contrôle qualité dans la vérification des conditions techniques du scanner utilisé qui vont nous permettre de mieux gérer une estimation des mesures de la dose délivrée au patient tout en gardant une bonne qualité d'image qui est nécessaire pour le diagnostic.

Après avoir décrit le contexte et les objectifs de notre travail, la méthode mise en œuvre, les résultats des mesures et des examens scanographiques pratiqués seront présentés et discutés dans le cinquième chapitre.

Enfin, la conclusion résume le travail réalisé pour effectuer cette étude et propose les perspectives d'avenir dans ce domaine.

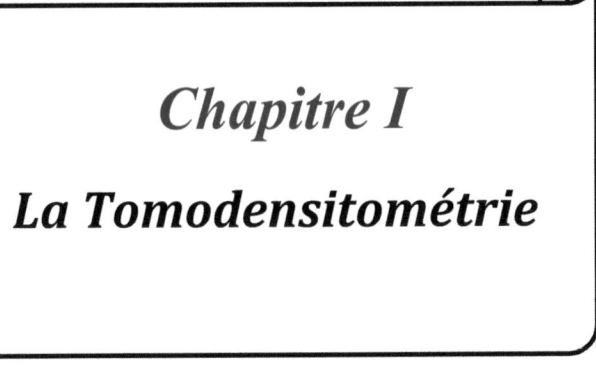

Chapitre I

La Tomodensitométrie

Introduction

La Tomodensitométrie (TDM) ou scanographie appelée « Computerized Tomography » par les Anglo-Saxons est une méthode de diagnostic radiologique tomographique. Depuis sa découverte elle a connu un essor considérable, justifié par son intérêt diagnostique et l'amélioration continue de ses performances techniques. En effet cette technique est devenue comme une méthode d'imagerie indispensable en routine clinique.

Dans ce chapitre, nous aborderons, d'une manière succincte, les principes de base physiques de la tomographie à rayons-x, ainsi que les différents modes et paramètres d'acquisitions utilisées dans un examen CT.

I.1. Principe physique

La tomographie par rayons X assistée par ordinateur est une méthode de diagnostic radiologique tomographique permettant d'obtenir des coupes axiales reconstruites à partir du coefficient d'atténuation des rayons X dans le volume exploré. L'acquisition des données se fait grâce à un tube à rayons X couplé à un ensemble des éléments de détection, disposés en arc de cercle ou en éventail (figure I.1).

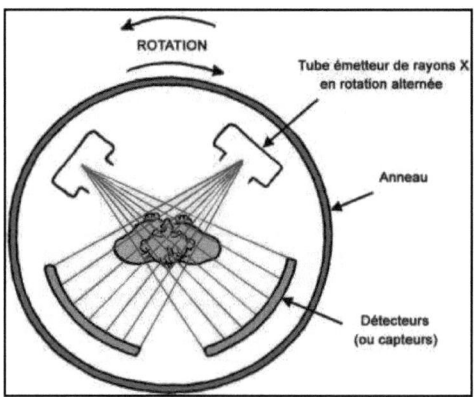

Figure I.1: Principe de tomodensitométrie

L'ensemble tube détecteur est solidaire et animé d'un mouvement synchrone circulaire dans le même sens, selon un plan perpendiculaire à l'objet examiné. Pendant l'acquisition, le faisceau émis par le tube à RX, irradie plusieurs détecteurs et permet de faire de multiples mesures de densité sur différents axes. On obtient ainsi un profil de densité selon un angle de projection. En effet, lorsque le faisceau de RX tourne autour de l'objet, nous obtenons une grande quantité des projections et des mesures dans le plan de référence avec différents angles de projection. Le nombre de projections effectués dépend des performances du détecteur, de la géométrie du système et en particulier de la longueur du faisceau. Pour chaque valeur angulaire, nous obtenons un profil de densité.

Le rayonnement X reçu par les détecteurs est transformé en courant électrique. Cette conversion aboutit à un signal qui va être amplifié et numérisé. La numérisation consiste à transformer le signal de type analogique en données chiffrées qu'un ordinateur peu classer, stocker dans une matrice de reconstruction et traiter ensuite.

Le traitement proprement dit du signal, comporte une reconstruction de l'image à partir des données recueillies par le système d'acquisition grâce au phénomène de « Rétroprojection » qui consistant à projeter les valeurs numériques obtenues sur le plan image, en leur attribuant des cordonnées spatiales correspondantes à celles qu'elles avaient dans le plan de coupe examiné. On peut mesurer la densité de tissus traversés par un faisceau de RX à partir du calcul du coefficient d'atténuation. Si le faisceau de RX, à la sortie du tube, est rendu monochromatique ou quasi-monochromatique par une filtration appropriée, on peut calculer le coefficient d'atténuation correspondant au volume de tissu irradié, par application de la formule générale d'absorption des rayons X dans la matière :

$$I = I_0 e^{(-\mu x)}$$

Où
- I : l'intensité du faisceau de RX après traversée d'une épaisseur x de matière,
- Io : l'intensité initiale du faisceau de RX,
- x : l'épaisseur de matériau traversé,
- μ : le coefficient d'absorption linéaire du matériau traversé (exprimé en cm^{-1}).

A partir des valeurs d'atténuation mesurées par chaque détecteur, l'ordinateur calcule la densité de chaque pixel de la matrice. Ces calculs complexes reposent sur un principe simple, connaissant la somme des chiffres d'une matrice selon tous ses axes (rangées, colonnes et diagonales), on peut en déduire tous les chiffres contenus dans la matrice. Cette matrice est un tableau composé de n lignes et n colonnes définissant un nombre de carrés élémentaires ou pixels. A chaque pixel de la matrice de reconstruction correspond une valeur d'atténuation ou densité. En fonction de sa densité, chaque pixel est représenté sur l'image par une certaine valeur dans l'échelle des gris. Les coefficients de densité des différents tissus traduisent les coefficients Hounsfield. Afin de déterminer les différents types de tissus présents dans chaque pixel, Hounsfield a mis en place une échelle. Compte tenu de la dynamique propre des appareils vidéo et des performances de l'œil humain, il est nécessaire de se limiter à l'étude d'une gamme des densités qui peuvent s'étaler sur une large échelle de -1000 à +1000 (figure I.2). Le scanner permet de projeter une fraction de l'échelle de densité sur toute l'échelle de gris de l'écran vidéo grâce à la fonction de fenêtrage. On appelle fenêtre la plage de densité étudiée. On la caractérise par sa largeur d'ouverture (W) qui correspond à l'espacement de niveaux de gris que l'on juge nécessaire pour visualiser une image et ses différentes densités. Elle peut être large ou serrée.

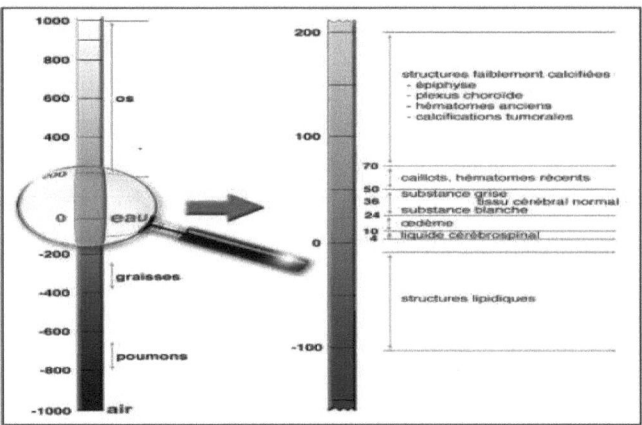

Figure I.2: Echelle de Hounsfield

I.2. Chaine de scanographie

La chaine comprend quatre éléments :
- Un système d'acquisition comportant lui-même différentes composantes : une source de rayons X, un générateur, des détecteurs, et un statif.
- Un système de traitement des données comprenant des systèmes rapides de reconstruction, des filtres de reconstruction, une matrice, ...
- Un système de restitution et de visualisation des données grâce à une console et à une méthode de fenêtrage de l'image.
- Un système d'archivage donc d'enregistrements des données sur différents supports de gestion et stockage.

I.3. Classification

I.3.1. Scanner 1ère Génération

La première génération de scanner est celle du scanner à détecteur unique (figure I.3). Le tube à rayon X et le couple détecteur qui sont solidaires d'un bâti rigide en forme d'anneau, effectuent un mouvement de translation rectiligne. Le faisceau, finement collimaté à la dimension du détecteur, parcourt toute la section examinée du patient. Après ce balayage longitudinal, l'ensemble pivote d'un petit angle autour du centre de la section examinée et un nouveau balayage est effectué. Au cours de chaque translation, plusieurs centaines de mesures sont effectuées et enregistrées, pour réaliser le profil de la section dans l'incidence considérée.

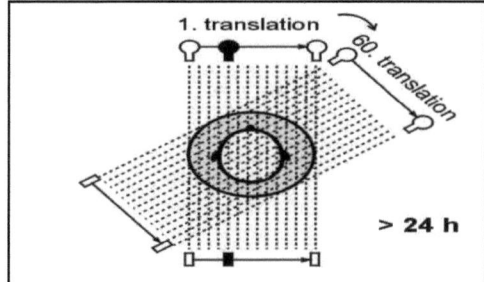

Figure I.3: Scanner 1ère Génération

Sur le premier appareil EMI (Electronical Musical Instrumental), 160 mesures étaient faites par balayage et l'incrément de l'angle de rotation était de 1° pour une rotation totale de 180°. C'étaient donc 160x180 mesures qui étaient réalisées par chaque coupe. La plupart des tomodensitomètres de 1ère génération étaient très lents (5 à 6 mn/coupe).

I.3.2. Scanner 2ème Génération

Le principe de rotation translation est conservé, mais le nombre de détecteurs augmente et la géométrie du faisceau est modifiée (figure I.7). Son angle d'ouverture est de 10 à 20°. Si on dispose de plusieurs détecteurs au lieu d'un seul, l'incrément de rotation peut être de n et le nombre de pas de rotation est alors réduit à 180/n. On conserve le principe du balayage par translation, suivant le nombre de détecteurs utilisés, on obtient un tomodensitomètre lent (10 détecteurs, temps d'une coupe 1 min, angle = 10°) ou tomodensitomètre rapide (20 à 30 détecteurs, Angle =20°, temps d'exploration 20sec).

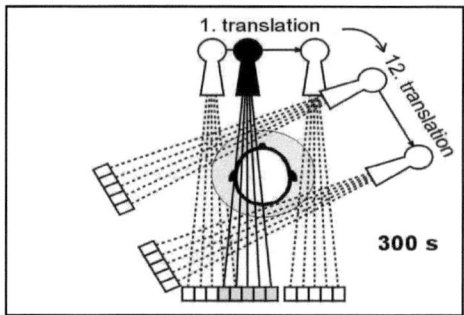

Figure I.4 : Scanner 2ème Génération

I.3.3. Scanner 3ème Génération

Celle de la quasi-totalité des appareils en service, par opposition à la deuxième génération, on les appelait « Corps entier ». Une génération de détecteurs (500 à 1000) correspond à la largeur de la région étudiée (figure I.8). Une seule émission de RX couvre la largeur du sujet (50cm pour un abdomen) sur une épaisseur de 1 à 10mm. Seul le mouvement circulaire est utilisé, 180 ou 360 émissions successives sont faites. C'est un système à rotation unique (Géométrie à rotation-rotation). Les anciennes machines de 3ème générations avaient à peu près 300 détecteurs mais actuellement on dépasse les 1000 détecteurs avec une ouverture angulaire de l'ordre de 50°. Dans cette configuration, les détecteurs voient la source de rayon X toujours sous la même incidence à travers l'objet.

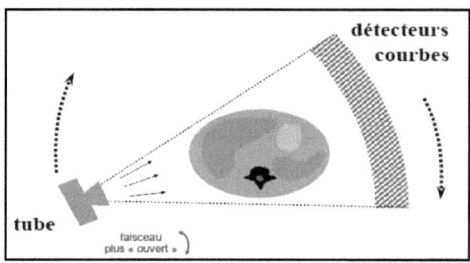

Figure I.5: Scanner 3ème Génération

I.3.4. Scanner 4ème Génération

Des détecteurs fixes, plusieurs milliers, font une couronne complète autour de l'anneau, seul le foyer RX et donc le faisceau tourne autour du malade (figure I.9). La vitesse peut encore augmenter, mais l'appareillage devient sensible au rayonnement diffusé. Pour ce scanner de la 4ème génération, seul le tube de rayons X tourne autour de l'objet examiné et il est plus près de l'objet que les détecteurs lors sa rotation. Cette génération est aussi appelée, scanner à géométrie courte car l'ouverture du faisceau est beaucoup plus importante pour couvrir tout l'objet examiné, le nombre de profils obtenu est limité par le nombre de détecteurs entourant le patient. Dans ce système de détection, une partie du faisceau est utilisée pour calibrer les détecteurs, l'autre pour la formation de l'image. Du fait que le tube est plus près de l'objet, la résolution spatiale est relativement dégradée. 2000 à 4800 détecteurs sont nécessaires pour disposer d'un appareil possédant des bonnes performances.

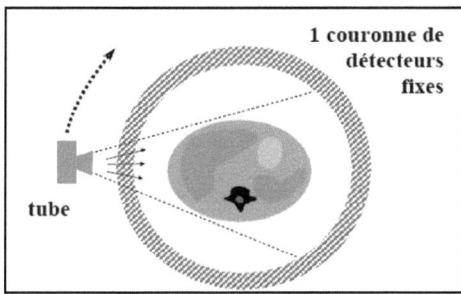

Figure I.6: Scanner 4ème Génération

I.3.5. Scanner 5ème Génération

La 5ème génération place le tube à rayons X en dehors de la couronne (figure. I.10), cette couronne est animée d'un mouvement de rotation. Les détecteurs proches du tube s'effaçant pour laisser passer le rayonnement incident. Un pas significatif franchi sur les temps d'acquisition en développant un scanner dit de 5ème génération, où les mouvements mécaniques ont été remplacés par le balayage d'une cible fixe de forme circulaire par un faisceau d'électrons. Ce principe a permis d'atteindre des temps d'acquisition de l'ordre de 0,01s et de réaliser des acquisitions cardiaques.

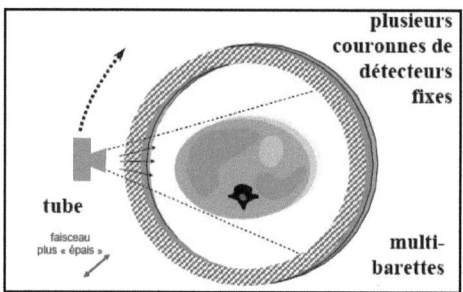

Figure I.7 : Scanner 5ème Génération

I.4. Mode d'acquisition

Jusqu'au le début des années 1990, les scanners classiques à rotation séquentielle ont été longuement utilisé pour l'exploration du corps humain. Avec les progrès technologiques et les recherches effectuées dans le domaine de l'informatique, de l'imagerie et de l'électronique, l'ensemble des constructeurs s'orientent vers une nouvelle génération, Le scanner hélicoïdal ou encore appelé le scanner à rotation continue.

I.4.1 Acquisition séquentielle

Le mode séquentiel est un mode incrémental, coupe par coupe, en effet un choix d'un niveau de coupe sur le cliché de repérage est fait. Le plateau amène le patient à ce niveau, par la suite l'acquisition est faite par une rotation complète de l'ensemble tube détecteurs, dans lequel la table reste immobile (figure I.4). Un délai minimum est requis entre chaque acquisition pour déplacer la table dans la position de coupe suivante. Le déplacement définit théoriquement la distance séparant le milieu de chaque coupe.

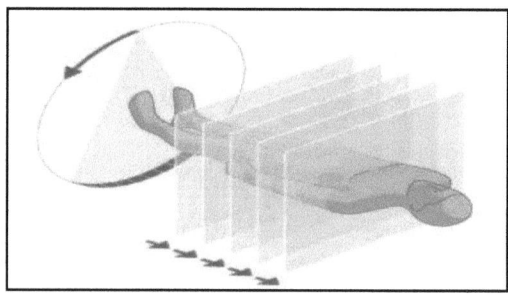

Figure I.8: Mode séquentiel

I.4.2. Acquisition Hélicoïdale

L'acquisition volumique a été développée au début des années 1990, le principe est le déplacement de la table d'examen pendant la rotation continue du couple tube détecteur (figure 1.3). Chaque acquisition fournit un jeu de données de volume complet, à partir duquel des images avec un chevauchement peuvent être reconstruites à une position de coupe arbitraire. La longueur de ce volume est fonction de la vitesse de déplacement de la table, de la collimation et de la durée de l'acquisition. Ce type d'acquisition est aussi appelé « hélicoïdal ». C'est le mode d'acquisition le plus couramment utilisé actuellement.

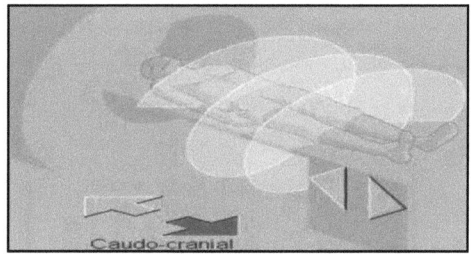

Figure I.9: Acquisition volumique

I.5. Paramètres d'acquisition

En Tomodensitométrie, le choix des paramètres d'acquisition est très important dans les résultats de la qualité d'image. Beaucoup de ces paramètres sont mis en jeu (collimation, vitesse de rotation, mA, épaisseur de coupe, ...). Le manipulateur doit alors trouver des compromis pour obtenir, selon les contextes cliniques et l'état du sujet, une qualité d'image optimale qui permette au médecin de réaliser une interprétation de l'examen dans les meilleures conditions.

I.5.1. Collimation

La collimation primaire est définie par la largeur de collimation du faisceau des rayons X à la sortie du tube. Elle détermine l'épaisseur de coupe nominale. En acquisition mono coupe, elle peut varier de 1 à 10 mm. En scanner multi coupes, la collimation varie en fonction du nombre et des épaisseurs des barrettes disponibles. Les valeurs actuelles de collimation primaire vont de 0,5 mm jusqu'à 16 cm.

I.5.2. La vitesse de rotation

C'est le temps en seconde nécessaire pour une rotation complète sur 360° du système tube détecteur. Il détermine la résolution temporelle de l'acquisition. Le temps de rotation doit être adapté aux exigences cliniques des examens de scanner. Des temps de rotation plus courts s'imposent pour réduire la durée d'acquisition et les artéfacts de mouvement lors des études pédiatriques, vasculaires et thoraciques de routine. Pour les études de scanner vasculaires et cardiaques, la meilleure résolution temporelle (actuellement minimum de 0.27 s) est nécessaire pour optimiser la prise de contraste et figurer le mouvement du cœur. Des temps de rotation plus long peuvent être utilisés pour les examens de routine du cerveau ou du rachis lombaire, lors desquels le mouvement du patient est négligeable, ainsi que lorsqu'une dose accrue et des échantillonnages de projection sont nécessaires pour améliorer les détails d'image. Il est parfois utile d'augmenter ce temps de rotation pour pouvoir bénéficier de plus des mesures (projections) par rotation et améliorer la qualité de l'image (par exemple Rochers, Sinus).

I.5.3. Le kilovoltage

Le kilovoltage détermine le niveau d'énergie ou le pouvoir de pénétration de faisceau de rayonnement. L'augmentation de la tension (kV) augmente le débit de photons et la pénétration du faisceau de rayons X émis par le tube, en contre partie, le contraste d'image diminue car l'absorption devient plus homogène. Les réglages kV disponibles dépendent du modèle de scanner et se situent dans une plage de 80 kV à 140 kV. Pour les examens de routine, on utilise couramment une valeur de 120 kV. Le kV a une incidence sur la dose au patient, le bruit d'image et le contraste (figure I.5). L'atténuation des tissus étant dépendante de réglage kV à des degrés variable.

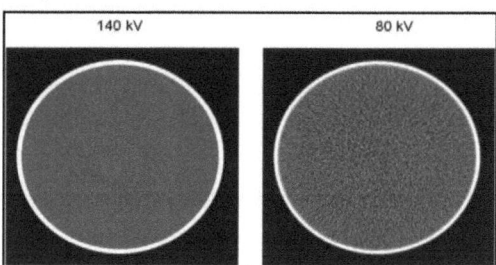

Figure I.10: Variation du kV

Toute modification de la tension retentit fortement sur la dose-patient, puisque celle-ci varie sensiblement avec la tension. Passer de 120 à 140 kV augmente la dose d'environ 50%. En pratique, il est souhaitable, notamment dans les services ayant une activité pédiatrique, de disposer des protocoles d'exploration à tension réduite pour les enfants [20]. En outre, cette diminution de la tension peut être utilisée simultanément avec un logiciel de réduction de dose, modulant la charge en fonction de l'absorption des rayonnements par le patient.

I.5.4. Le produit de l'intensité par le temps d'émission de rayons X (mAs)

Le mAs est le produit de l'intensité du courant qui circule entre l'anode et la cathode par le temps d'application de ce courant. C'est le paramètre le plus facilement corrélé à la dose. En effet, il exprime directement la quantité de photons émise. Toute réduction ou augmentation de ce produit réduira ou augmentera dans la même proportion l'exposition du patient [19]. En acquisition séquentielle, le produit mAs sert à indiquer la dose appliquée. La réduction de dose que l'on peut obtenir en diminuant la charge est cependant limitée par l'augmentation du bruit qui en résulte. En effet, le bruit est inversement proportionnel à la racine carrée de la charge, ainsi il augmente de 40 % quand la charge est divisée par deux. L'accès à ce paramètre n'est cependant plus possible que lorsqu'on utilise un logiciel de réduction de dose en fonction de l'absorption déterminée au préalable sur topogramme ou sur mesure d'atténuation en cours de rotation.

I.5.5. Déplacement de la table

C'est la vitesse de déplacement de la table durant l'acquisition est exprimée en mm/sec elle est idéalement la plus élevée possible, pour une longue région explorée en un certain laps de temps, soit la même région explorée en un temps plus court.

Conclusion

Dans ce chapitre nous avons présenté quelques généralités sur la tomodensitométrie ; son principe de fonctionnement et l'amélioration continue de ses performances techniques ainsi que les modes d'acquisitions et les différents paramètres d'acquisition utilisées dans un examen CT.

Chapitre II
La Radioprotection de patient

Optimisation de la dose d'irradiation en tomodensitométrie

Introduction

Afin de procurer un niveau adéquat de protection et de sûreté pour l'homme contre les effets des rayonnements ionisants (R.I) sans limiter à l'excès des avantages des pratiques provocant l'exposition, la Commission Internationale de la Protection Radiologique (CIPR) a proposé des normes de radioprotection.

Lors d'un examen scanographique, la mesurer de dose reçue par le corps, nécessite la connaissance de certaines grandeurs dosimétriques spécifiques à la scanographie. Celles-ci sont détaillées ci-dessous.

II.1. Définition de la radioprotection

La radioprotection est l'ensemble des moyens mis en œuvre dans le but de limiter l'exposition de l'homme aux effets néfastes des rayonnements ionisants. Elle s'applique à tous les rayonnements ionisants aussi bien à ceux qui sont émis par les substances naturelles ou artificielles qu'à ceux produits par les générateurs de rayons X. Elle concerne des activités humaines très variées, médicales, scientifiques, industrielles, elle intéresse non seulement les travailleurs de ces différents secteurs mais aussi le public et le patient dans le domaine médical. Cet objectif doit être réalisé sans limiter de manière indue l'exploitation des installations ou la conduite d'activités entraînant des risques radiologiques. Le système de protection et de sûreté a donc pour but d'évaluer, de gérer et de maîtriser la radio exposition de façon que les risques radiologiques, y compris les risques d'effets sanitaires et les risques pour l'environnement, soient réduits autant qu'il est raisonnablement possible.

II.2. Organismes internationaux

II.2.1. Comité Scientifique des Nations Unies pour l'Etude des Effets des R.I

Depuis 1955, le Comité scientifique des Nations Unies pour l'étude des effets des rayonnements ionisants (UNSCEAR) réunit des scientifiques représentant 21 États [4]. Il a été créé au sein de l'Organisation des Nations Unies (ONU) pour évaluer les niveaux et les effets de l'exposition aux rayonnements ionisants et leurs conséquences biologiques, sanitaires et environnementales. Son rôle est d'évaluer les études scientifiques publiées sur la protection contre les rayonnements ionisants. Les rapports de l'UNSCEAR, publiés tous les quatre à cinq ans, constituent la somme exhaustive de milliers de références bibliographiques. Ils servent de base aux travaux de la Commission Internationale de Protection Radiologique (CIPR).

II.2.2. La Commission Internationale de Protection Radiologique (CIPR)

La CIPR créée en 1928, regroupe des experts de plusieurs pays. Elle édite des recommandations en matière de radioprotection incitatives mais non obligatoires [5]. La CIPR englobe d'autres organismes tels que l'Agence Internationale de l'Énergie Atomique (AIEA) qui a pour rôle d'assurer un usage sûr et pacifique des technologies et des sciences liées au nucléaire [5].

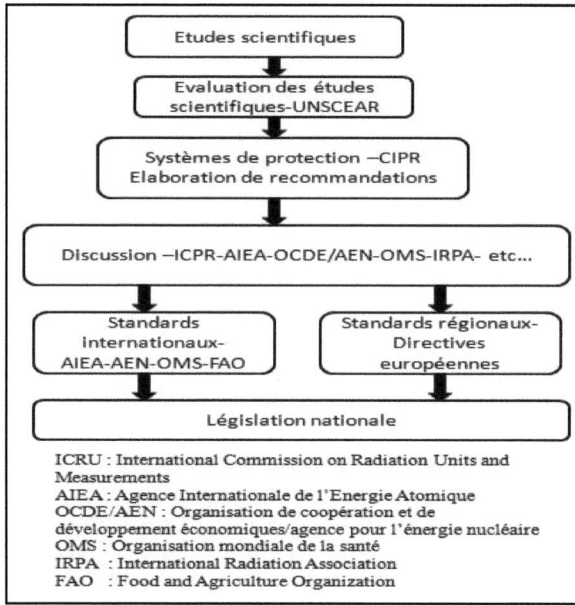

Figure II.1: Les organismes internationaux de radioprotection

II.2.3. La Communauté Européenne

La Commission Européenne a pour base juridique le traité EURATOM dont l'objectif est d'établir des normes de base relatives à la protection sanitaire de la population et des travailleurs contre les dangers résultant des rayonnements ionisants. Depuis 1965, la communauté européenne a la possibilité de prendre des décisions sous 3 formes [5]:

1. Le règlement dont l'application est obligatoire et immédiate.
2. Les directives, plus souples, qui permettent à chaque pays de choisir les moyens de transposition dans le cadre d'une loi ou de décrets nationaux.
3. Les recommandations et avis établis par un groupe d'expert.

II.3. Les principes fondamentaux de la radioprotection

La CIPR fait reposer son système de radioprotection sur trois principes fondamentaux pour la protection du patient en exposition médicale [5]

II.3.1. Principe de justification

Une activité nucléaire ou une intervention ne peut être entreprise ou exercée que si elle est justifiée par les avantages qu'elle procure, notamment en matière sanitaire, sociale, économique ou scientifique, rapportés aux risques inhérents à l'exposition aux rayonnements ionisants auxquels elle est susceptible de soumettre les personnes. Si l'utilisation des rayonnements ionisants en médecine n'est pas remise en cause, la justification de chaque technique dans des indications précises et la justification individuelle pour chaque patient sont une nécessité. La justification individuelle repose notamment sur l'application des guides d'indication des actes, la connaissance des différentes techniques d'imagerie médicale et d'une évaluation bénéfice-risque. La traçabilité de la justification est essentielle dans le domaine médical ou un échange écrit doit se faire entre le médecin demandeur (lettre de demande d'examen précisant ce qui est recherché) et le médecin réalisateur de l'acte (établissement d'un compte rendu).

II.3.2. Principe d'optimisation (ALARA)

L'exposition des personnes aux rayonnements ionisants résultant d'une activité nucléaire ou d'une intervention doit être maintenue au niveau le plus faible qu'il est raisonnablement possible d'atteindre, compte tenu de l'état des techniques, des facteurs économiques et sociaux et, le cas échéant, de l'objectif médical recherché. L'examen diagnostique doit répondre à la question posée par le médecin demandeur de l'acte, en utilisant la plus petite quantité de rayonnements raisonnablement possible. L'image produite doit être de qualité suffisante pour permettre le diagnostic sans nécessairement rechercher la "belle image" plus irradiante pour le patient. Lorsqu'un scanner est justifié, la dose doit être optimisée, c'est-à-dire maintenue "au niveau le plus faible raisonnablement possible". Le premier objectif à atteindre est d'obtenir un examen d'emblée de qualité parfaite, sans risque d'avoir à réexposer l'individu aux rayonnements. Pour ce faire, toutes les mesures de préparation et d'encadrement contribuant au confort et à la qualité de l'examen doivent être prises. Ceci impose de disposer de « références » comme outil d'optimisation qui permettent d'évaluer, du point de vue des doses délivrées aux patients, la qualité des équipements et des procédures et d'engager, en cas de dépassement injustifié, des actions de contrôle et de correction.

II.3.3. Les Niveaux de Référence Diagnostiques (NRD)

Les niveaux de référence diagnostiques sont des niveaux indicateurs servant de guide pour la mise en œuvre du principe d'optimisation. Ils doivent en effet être mesurés dans l'objectif d'optimiser les actes irradiants.

La spécificité de l'irradiation médicale (le bénéfice direct) est incompatible avec la notion de limite réglementaire de dose. Il s'agit d'une grande variabilité des doses délivrées pour un même objectif diagnostique, ceci a imposé de disposer de « référence » comme outil d'optimisation en 1990 par la CIPR [6]. Ces niveaux indicatifs sont censés pour donner une indication raisonnable des doses pour des examens types sur des groupes de patients types ou sur des fantômes types, pour des catégories larges de types d'installations, qui ne devraient pas être dépassés pour les procédures courantes si des pratiques bonnes et normales en matière de diagnostic et de performance technique sont appliquées". Ces niveaux de référence ne sont pas une moyenne, mais, pour chaque type d'examen, une valeur en dessous de laquelle se situent 75 % des installations, c'est la méthode statistique dite du percentile (figure II.2).

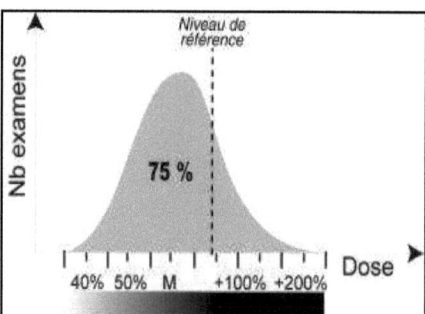

Figure II.2: Méthode du « 75ème percentile »

II.4. Grandeurs dosimétriques

II.4.1. Les grandeurs et unités de radioprotection

Des grandeurs dosimétriques spéciales ont été développées pour évaluer les doses provenant de l'exposition aux rayonnements. Les grandeurs de protection fondamentales adoptées par la CIPR reposent sur les mesures de l'énergie déposée dans les organes et tissus du corps humain. Afin d'établir un rapport entre la dose de rayonnement et le risque du rayonnement, il est nécessaire de prendre en compte les variations de l'efficacité biologique des rayonnements de différentes qualités, ainsi que celles de la sensibilité des organes et des tissus aux RI.

II.4.1.1. Dose absorbée (D)

La dose absorbée correspond à la quantité d'énergie absorbée par la matière suite à une exposition à une certaine quantité de rayonnement. Elle s'exprime en grays (Gy) : un gray est équivaut à la quantité de rayonnement requise pour qu'une énergie de 1 joule (J) soit absorbée dans 1 kilogramme de matière (quelle qu'elle soit) avec un 1 Gy = 1 J/kg. Malheureusement, cette définition relativement simple renvoie à une quantité physique qui ne reflète pas les effets biologiques de l'irradiation, car elle ne prend pas en compte le type de rayonnement ni les dommages qu'il est susceptible de causer aux différents tissus.

II.4.1.2. Dose équivalente (H)

Tous les rayonnements n'ont pas tous les mêmes effets biologiques. En effet, une même dose absorbée peut ainsi avoir des conséquences radicalement différentes selon qu'il s'agit de rayons X ou de rayons α. Pour chaque type de rayonnement, la dose équivalente correspond à la dose absorbée (D) multipliée par un facteur de pondération (w_r) qui tient compte des dommages induits spécifiques sur les tissus biologiques (tableau II.2). La dose équivalente (H) s'exprime en sieverts (Sv) :

$$H = D.\text{Wr}$$

Où :
- H est la dose équivalente ;
- D est la dose absorbée ;
- Wr est un facteur de pondération

Tableau II.1 : Facteurs de pondération (W_r)

Type de rayonnement	W_r
Photons, toutes énergies	1
Electrons et muons, toutes énergies	1
Neutrons, énergie < 10 KeV	5
10 KeV à 100 KeV	10
100 KeV à 2 MeV	20
> 2 Mev à 20 MeV	10
>20 MeV	5
Protons, autre que protons de recul, E > 2 MeV	5
Particule Alpha, fragments fission, ions lourds	20

II.4.1.3. Dose efficace (E)

La dose efficace, exprimée en millisievert (mSv), est un indicateur du risque de détriment sanitaire lié à une exposition individuelle aux rayonnements ionisants. Cet indicateur est un outil de gestion, qui permet d'évaluer un risque global au niveau de l'organisme entier, que celui-ci soit ou non exposé en totalité, en tenant compte du type de rayonnement (nature et énergie), et de la radiosensibilité propre a chaque organe exposé. Ainsi il permet de comparer les risques radiologiques lies à des actes d'imagerie concernant des zones anatomiques différentes ou ceux liés à différentes modalités d'imagerie pour un même acte. La dose efficace représente une moyenne pondérée des doses équivalentes reçues par les organes qui s'exprime en mSv :

$$E = \sum w_i . H_{org}$$

Où :

- E est la dose efficace ;
- H est la dose équivalente ;
- W_i est un coefficient qui quantifie la sensibilité d'un tissu particulier au rayonnement reçu.

Les facteurs de pondération tissulaire sont calculés et publiés par la Commission internationale de protection radiologique. À mesure que la recherche et les technologies de quantification progressent, ces facteurs sont susceptibles d'évoluer [5] indiquent des coefficients différents de ceux préconisés en 1990 [6]. En particulier, les gonades sont moins radiosensibles, et les seins plus radiosensibles que ce que l'on supposait auparavant.

Tableau II.2 : Les facteurs de pondération tissulaires

Tissu ou organe	w_i d'après la CIPR 60	w_i d'après la CIPR 103
Gonades	0,20	0,08
Moelle osseuse rouge	0,12	0,12
Côlon	0,12	0,12
Poumon	0,12	0,12
Estomac	0,12	0,12
Sein	0,05	0,12
Foie	0,05	0,04
Œsophage	0,05	0,04
Thyroïde	0,05	0,04
Peau	0,01	0,01
Surface des os	0,01	0,01
Glandes salivaires	–	0,01
Cerveau	–	0,01
.....	.....	.....
$\sum w_i$	1,00	1,00

II.4.2. Indicateur dosimétrique en tomodensitométrie

La connaissance des doses délivrées lors des examens radiologiques est un impératif absolu de la pratique radiologique. Le médecin réalisateur de l'acte doit indiquer sur le compte rendu les informations au vu desquelles il a estimé l'acte justifié, les procédures et les opérations réalisées ainsi que toute information utile à l'estimation de la dose reçue par le patient.

Lors d'un examen scanographique, des coupes transverses du corps sont irradiées. Cependant, la dose de rayons X reçue par le corps n'est pas strictement limitée aux coupes définies par le manipulateur, elle s'étend au-delà en raison de la diffusion du rayonnement. La mesurer de cette dose, nécessite la connaissance de certaines grandeurs dosimétriques spécifiques à la scanographie. Celles-ci sont détaillées ci-dessous.

II.4.2.1. Index de Dose Scanographique (IDS ou CTDI)

Cette grandeur a été introduite pour tenir compte du profil de coupe. Le CTDI est défini comme l'intégrale du profil de dose de la coupe, divisée par l'épaisseur de la coupe. En effet, elle représente la somme de la dose absorbée dans la coupe et des rayonnements diffusés hors de la coupe, calculée en fonction de la valeur nominale S de l'épaisseur de la coupe.

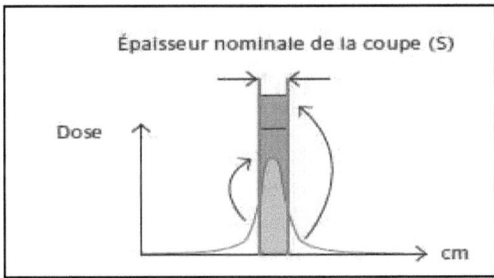

Figure II.3: Profil de la dose

Le CTDI est un index d'exposition quantifiant la dose délivrée en fonction des paramètres pour une coupe. Cet index ne reflète cependant pas la dose totale reçue par le patient. Pour exprimer cette dose totale, il faut utiliser le Produit Dose Longueur (PDL), exprimé en mGy.cm.

Le CTDI est mesuré dans un fantôme en plexiglas de 16 cm de diamètre pour la tête et de 32 cm de diamètre pour le corps (figure II.4).

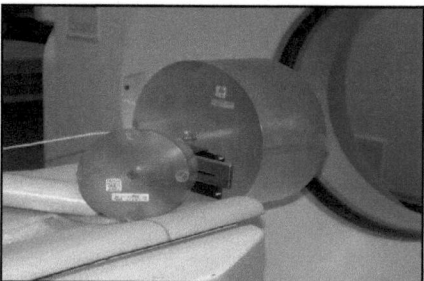

Figure II.4: Fantôme de mesure de la dose

Les normes européennes et internationales imposent aux constructeurs de faire apparaître cet index sur la console opérateur pour toute série programmée. Il permet à l'utilisateur de connaître très précisément l'exposition résultant de l'examen et d'adapter éventuellement ses paramètres et ses protocoles.

II.4.2.2. Index de Dose Scanographique Pondérée (IDSP ou $CTDI_w$)

L'IDSP mesure la dose délivrée au cours d'une rotation du tube. Il prend en compte la variation de dose dans la coupe. Son calcul intègre le fait que les doses absorbées en périphérie et au centre du volume irradié varient.
En effet, on peut démontrer que :

$$IDSP = CTDIw = 1/3\, IDSPc + 2/3\, IDSPp$$

Avec :
- IDSP = $CTDI_w$ = indice de dose scanographique pondéré en mGy
- $IDSP_c$ = indice de dose scanographique pondéré central
- $IDSP_c$ = indice de dose scanographique pondéré périphérique

La mesure de l'IDSP se fait grâce à une chambre d'ionisation ou à des détecteurs thermo luminescents (pastilles de fluorure de lithium), sur un fantôme cylindrique standard en plexiglas (figure. II.5).
La norme déclare que la valeur de $CTDI_w$ doit apparaître sur l'interface utilisateur et doit être documentée pour des enquêtes futures.

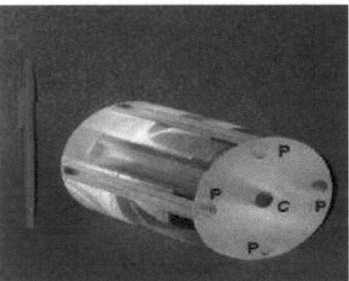

Figure II.5: Fantôme de mesure de la dose

II.4.2.3. Index de Dose Scanographique Volumique (IDSV ou $CTDI_{vol}$)

Cet indicateur représente la dose absorbée moyenne délivrée au volume exploré. Pour tenir compte d'un élément essentiel en acquisition hélicoïdale, qui est le pas (pitch), les constructeurs affichent également le CTDI volumique ($CTDI_{vol}$), qui est le $CTDI_w$ divisé par le pas (pitch) de l'hélice utilisée pour l'acquisition :

$$CTDIvol = \frac{CTDIw}{Pitch}$$

Sur les appareils récents (balayage hélicoïdal) c'est l'Indice de Dose de Scanographie du Volume ($CTDI_{vol}$) qui est affiché à la console.

L'unité utilisée pour toutes ces grandeurs est le mGy.

II.4.2.4. Le Produit Dose Longueur (PDL)

L'intérêt du PDL est de prendre en compte non seulement la dose moyenne délivrée en tout point du volume mais également la longueur du volume irradié, ce qui va caractériser de façon plus globale l'importance de l'irradiation. Il est exprimé en mGy.cm.

Le PDL de l'examen complet est la somme des PDL de chaque acquisition. Le Produit Dose Longueur se calcule grâce à la formule suivante :

$$PDL = CTDIvol \cdot L$$

Avec :

- $CTDI_{vol}$ = indice de dose scanographique volumique en mGy
- L = longueur du volume irradié en cm

Le Produit Dose Longueur se calcule aussi à partir du CTDI normalisé, si on connaît la charge totale de l'acquisition :

$$PDL = CTDIw.S.A.t$$

Où :

- $CTDI_w$ est l'Indice de Dose de Scanographie Pondéré
- S est l'épaisseur de coupe
- A.t, représente la charge totale (mAs) de l'acquisition.

En pratique, la dose à mentionner sur le compte rendu d'examen est le PDL cumulé par région (tête, cou, thorax, abdomen ou pelvis). C'est une grandeur immédiatement accessible puisqu'elle est obligatoirement affichée sur la console de l'appareil.

L'intérêt principal de cette grandeur est qu'elle représente exactement l'exposition en affectant la dose au volume exploré. Elle permet donc, en prenant en compte les organes figurant dans ce volume, de calculer ou d'estimer la dose efficace. Des facteurs de conversion permettent d'estimer très simplement l'ordre de grandeur de la dose efficace pour chaque examen, en multipliant le PDL relevé en TDM par un coefficient E_{pdl} dépendant de la zone explorée [5]:

$$E_{(mSv)} = PDL . E_{pdl}$$

Les facteurs de conversion E_{pdl} permettant de passer du produit dose Longueur en mGy.cm à la dose efficace en mSv figurent sur le tableau suivant :

Tableau II.3 : Facteur de conversion selon la zone anatomique explorée

Selon la région anatomique explorée	E_{pdl} (mSv.mGy^{-1}cm^{-1})					
	Selon l'âge du patient (âge de référence)					
	0-6 mois (nouveau-né)	7-30 mois (1an)	31 mois- 7 ans et 6 mois (5ans)	7 ans et 7 mois-12 ans et 6 mois (10 ans)	12 ans et 7 mois- 17 ans et 6 mois (15 ans)	à partir de 17 ans et 6 mois (adulte)
Tête	0,011	0,0067	0,004	0,0032	0,00265	0,0021
Cou	0,017	0,012	0,011	0,0079	0,0068	0,0058
Tête + Cou	0,013	0,0085	0,0057	0,0042	0,00365	0,0031
Thorax	0,039	0,026	0,018	0,013	0,014	0,0148
Abdomen +/- pelvis	0,049	0,03	0,02	0,015	0,0152	0,0154
Thoraco-abdomino-pelvien	0,044	0,028	0,019	0,014	0,0145	0,015

Les niveaux de référence diagnostiques s'expriment en produit dose longueur (PDL) et en index de dose scanographique volumique (CTDIvol) pour le scanner. Sachant que les NRD en TDM sont exprimés par acquisition et pas l'examen au complet afin de limiter le nombre d'acquisitions [15], chaque hélice supplémentaire augmentant d'autant la dose (tableau II.4).

Tableau II.4 : Niveaux de référence en scanographie chez l'adulte

Examen	CTDI (mGy)	PDL (mGy.cm)
Encéphale	58	1050
Cou	12	350
Thorax	20	500
Abdomen	25	650
Pelvis	25	450

II.5. Risques liés à la dose de rayonnement en scannographie

Les effets nocifs des RI résultent de l'interaction d'une partie de l'énergie de rayonnement avec l'ADN des cellules. Selon la dose, ceci peut entraîner des effets dits déterministes (mort des cellules) ou stochastiques (transformation non mortelle des cellules).

II.5.1. Les effets déterministes

Ils apparaissent de façon précoce (quelques heures à un mois) et systématique au-delà d'une dose seuil et leur gravité augmente avec la dose. Ils témoignent d'une mort cellulaire non compensée par la prolifération des cellules viables restantes. Les seuils étant relativement élevés, ces effets sont essentiellement pris en compte lors des irradiations thérapeutiques. La dose au cristallin (la partie de l'œil la plus radio sensible) en est un exemple. En cas d'exposition brève unique, la dose équivalente seuil pouvant engendrer des opacités cristalliniennes se situe entre 0,5 et 2 Sv, et 5 Sv provoquent une cataracte vraie, apparaissant dans un délai de 1 à 10 ans [7]. En TDM cranio-faciale, les doses délivrées au cristallin ont été évaluées chez l'adulte entre 30 et 130 mGy [7] donc loin du risque de cataracte vraie.

II.5.2. Les effets stochastiques

Ils représentent les conséquences probabilistes à long terme, chez l'individu ou sa descendance, de la transformation d'une cellule liée à une altération de l'ADN cellulaire. Ils apparaissent de façon aléatoire, sans seuil, et retardée (plusieurs années), mais avec une probabilité également proportionnelle à la dose délivrée. Chez l'enfant, la sensibilité des organes est supérieure à celle de l'adulte, et comme l'espérance de vie est supérieure, le risque théorique de voir apparaître une tumeur radio induite est plus élevé [16]. Les organes les plus radio sensibles sont la thyroïde, le sein, la moelle osseuse et le poumon. Le délai de latence d'un cancer radio induit est de l'ordre de 2 à 5 ans pour les leucémies, 5 ans pour les cancers thyroïdiens et 10 à 20 ans pour les autres tumeurs solides. Néanmoins, il faut retenir que les doses absorbées en TDM, situées entre 10 et 100 mGy, sont à un niveau proche, voire supérieur, aux seuils connus pour augmenter le risque de cancer radio induit [7]. A dose absorbée équivalente, le risque stochastique d'un nouveau-né est environ dix fois supérieur à celui d'un adulte ; l'excès de risque de cancer est environ deux fois plus élevé chez la fille que chez le garçon.

Conclusion

Disposant des indicateurs de dose de chaque examen scanographique et des niveaux de référence, l'utilisateur peut vérifier que sa pratique se situe dans la moyenne dosimétrique pour chaque type d'examen réalisé, ce qui conduira progressivement à l'obtention de la dose la mieux adaptée à l'information recherchée, en modifiant éventuellement les paramètres accessibles sur chaque machine.

Chapitre III
Techniques de réduction de la dose en scanographie

Introduction

La dose délivrée par un modèle donné de scanner dépend de multiples paramètres, parmi lesquels certains ne sont pas modifiables directement, tels que la distance du foyer à l'axe ou la filtration. En revanche, certains paramètres sont directement accessibles et peuvent être modifiés pour une optimisation des examens, telle que la haute tension (kV), la charge (produit de l'intensité par le temps d'émission des rayons X) et le pas d'hélice.

D'autres techniques reliées directement à la dose en scanner, sont introduites dans plusieurs protocoles sous forme de logiciel et d'algorithmes dédiés pour réduire la dose délivrée au patient et de diminuer le bruit afin d'aboutir à une meilleure qualité d'image avec une dose aussi basse que raisonnablement possible. La description détaillée de ces techniques est présentée dans ce chapitre.

III.1. Techniques de réduction de la dose en tomodensitométrie

Aujourd'hui, les rayonnements et la réduction des doses d'irradiation figurent incontestablement parmi les principaux sujets de controverses dans le domaine de l'imagerie médicale, faisant naître des incertitudes auprès des patients et obligeant les professionnels de santé à justifier précisément les protocoles mis en œuvre pour les examens d'imagerie. Ces débats mènent à des innovations dans le secteur de la tomodensitométrie.

Il est possible de réduire les doses reçues par les patients en faisant appliquer des protocoles pour chaque examen associant les critères de prescription et les niveaux de référence pour chaque type d'examens, en s'assurant du contrôle qualité des matériels.

Les différents protocoles installés sur les différentes marques de scanner (Siemens, général électrique "GE", Toshiba, Philips) visant à diminuer la dose sans nuire à la qualité des images ni à l'efficacité des examens cliniques sont détaillées ci-dessous.

III.1.1. Techniques de réduction de la dose en tomodensitométrie selon Siemens

Siemens a depuis longtemps mis en œuvre une approche globale vis-à-vis de tous les aspects de l'imagerie diagnostique, en effet il est connu comme étant le Leader de l'innovation en matière de réduction de la dose. L'approche « CARE » rassemble un large éventail des technologies répondant aux besoins des patients et des médecins en termes de dose de rayonnements adéquate.

III.1.1.1. Modulation des mAs « CARE Dose 4D »

III.1.1.1.1. Principe

La technique « CARE Dose 4D » repose sur une modulation anatomique de l'exposition en temps réel. En effet, le corps humain n'est pas un cylindre homogène. L'atténuation des rayons X varie le long de balayage en acquisition tomodensitométrique. C'est pour cela que les scanners modernes de marque Siemens sont équipés des mécanismes de contrôle permettant d'adapter automatiquement la dose de rayonnement à la taille et à la morphologie du patient. La modulation de dose est entièrement automatisée en temps réel dans les trois axes X, Y et Z. L'expérience clinique a montré que la relation entre le courant optimal du tube et l'atténuation du patient n'est pas linéaire. Bien que les patients plus grands aient besoin d'une dose plus élevée que les patients de taille moyenne, ils ont aussi plus de graisse corporelle, ce qui augmente le contraste des tissus [18]. Les patients minces ont besoin d'une dose plus faible que les patients de taille moyenne, mais ils ont moins de graisse et moins de contraste des tissus, ce qui résulte à des images bruitées si la dose était trop faible. Par conséquent, lors de la modulation de la dose en temps réel, on réduit la dose de rayonnement pour les patients petits, tout en augmentant la dose pour les patients obèses. Cela permet de maintenir une bonne qualité d'image diagnostique tout en obtenant une dose de rayonnement appropriée. La figure III.1, illustre le principe de fonctionnement du CARE Dose 4D.

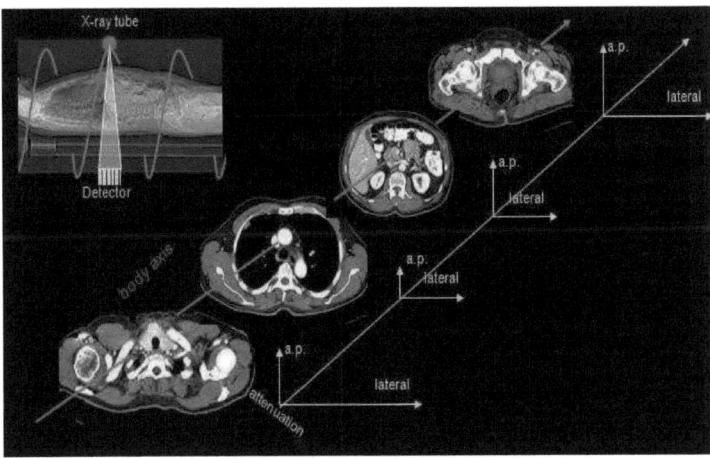

Figure III.1 : Profil d'atténuation des RX le long de l'axe z pour une acquisition spiralé

Nous remarquons que si le courant du tube était constant, les régions de l'épaule et du bassin seraient sous-dosées, tandis que le thorax et l'abdomen seraient significativement sur-dosés. La modulation anatomique automatisée ajuste efficacement le courant, et donc la dose de rayonnement à l'atténuation spécifique à l'anatomie du patient.

III.1.1.1.2. Protocole d'acquisition

La figure III.2 montre, l'interface de sélection de la technique « CARE Dose 4D ». Pour commencer l'acquisition, un topogramme est nécessaire pour avoir l'atténuation latérale et en direction Antéro Postérieur (A.P), ainsi un calcul des profils du courant du tube approprié en latéral et en direction Antéro Postérieur. La variation de courant au cours de balayage se fait dans le plan axial et longitudinal. En suite, pour adapter la qualité de l'image à la préférence de l'utilisateur, la qualité référence mAs (quality ref.mAs) d'un protocole peut être ajustée. Une augmentation de la valeur de référence de qualité mAs se traduira par une meilleure qualité d'image (réduction du bruit), mais plus de dose. Par contre, une diminution de la référence qualité mAs entraîne la baisse de la qualité d'image (plus de bruit), mais moins de dose. Cette valeur sera réglée jusqu'à ce que la moyenne estimée (Eff. mAs) se rapproche de la valeur mAs que vous avez choisi sans contrôle de l'exposition.

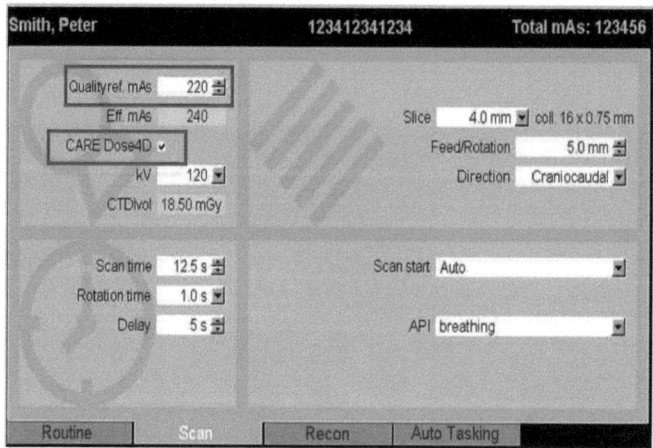

Figure III.2 : Interface utilisateur du scanner sélectionnant la technique « CARE Dose 4D »

La figure III.3 montre, une amélioration de la qualité d'image à faible dose suite à l'utilisation de la technique « CARE Dose 4D ». En effet, nous remarquons que l'image sur la gauche, même si elle a été numérisée avec un courant du tube supérieur, montre plus d'artéfacts dans certaines régions et l'image de droite montre une meilleure qualité d'image, sans artéfacts bien qu'elle ait été acquise à courant de tube inférieur.

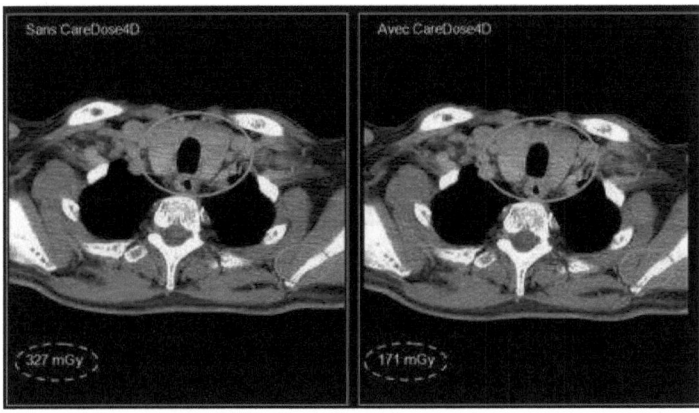

Figure III.3: Qualité d'image améliorée avec la technique CARE Dose 4D

III.1.1.2. Réglage automatisé du kV (CARE kV)

III.1.1.2.1. Principe

Les méthodes classiques de modulation de la dose s'appuient sur la variation du courant du tube à rayons X et non sur le réglage de la différence de potentiel (Tension en kV). Pourtant, l'adaptation du kilovoltage, l'énergie du rayonnement, représente un énorme potentiel en termes de réduction de la dose, d'autant plus qu'elle permettrait d'optimiser le rapport contraste/bruit.

La qualité d'une image en tomodensitométrie se caractérise par trois paramètres : le contraste, le bruit et la résolution spatiale. En améliorant un ou plusieurs de ces paramètres, nous obtenons une meilleure qualité d'image, ce qui permet au médecin d'établir un diagnostic plus précis. Par exemple, si le contraste est élevé et le bruit faible, la qualité d'image sera meilleure. En outre, on administre souvent un produit iodé pour améliorer le contraste et ainsi la visibilité des différentes parties des organes sur les images d'un scanner (en particulier dans le cas des examens agiographiques) [10]. Plus le kilovoltage du tube à rayons X est bas, plus le contraste est fort, car les rayons X à basse énergie sont mieux absorbés par l'iode, qui est dense, que par les tissus environnants.

Cependant, pour maintenir des niveaux de bruit suffisamment bas, il faut en général ajuster en conséquence le courant du tube. Pour un rapport contraste/bruit constant, les études d'angiographie scannée montrent qu'il est possible de réduire significativement la dose d'irradiation en réglant la tension à 80 kV ou 100 kV au lieu de 120 kV. Chez les patients plus corpulents, qui présentent une atténuation des rayons X plus importante, le débit du tube à rayons X à des niveaux de kilo voltage plus bas risque de ne pas être suffisant pour produire le rapport contraste/bruit requis. Pour ces patients, il faudra sélectionner une tension plus élevée, bien que cela implique une réduction du contraste obtenu par l'iode. Par manque de temps, les manipulateurs et les médecins ne peuvent pas mesurer l'atténuation spécifique de chaque patient [12]. Ils ont donc besoin d'outils automatisés capables de définir la combinaison tension/courant optimale pour chaque patient en fonction de son topogramme et du protocole d'examen sélectionné.

III.1.1.2.2. Protocole d'utilisation

Selon le protocole siemens nous avons trois modes différentes du choix du kV :

❖ **Mode " off " :**

Ce mode permet de sélectionner le kV. Le courant Eff. mAs ne sera pas ajusté, il dépend de la modulation de dose du patient.

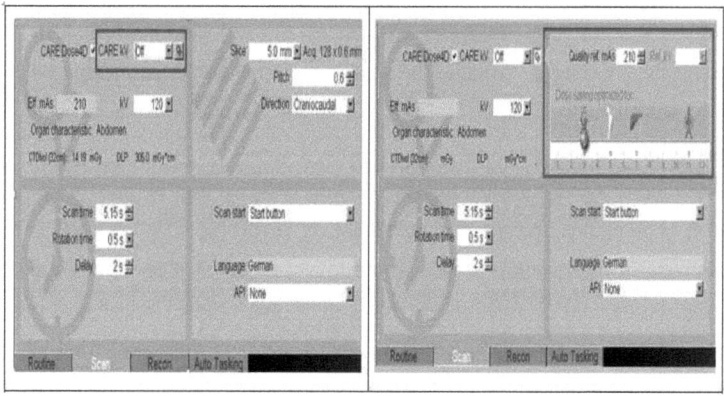

Figure III.4: Protocole CARE kV en mode " off "

❖ **Mode "on"** :

Lorsque le mode kV "on" est sélectionné, l'entrée de la valeur de kV dans l'interface est désactivé. Le meilleur kV convenable sera choisi par le système.

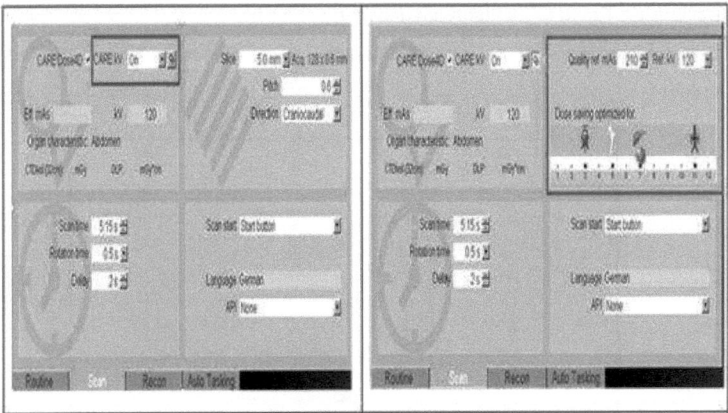

Figure III.5 : Protocole CARE kV en mode " on "

❖ **Mode "semi "** :
On a la liberté de choisir le kV et les Eff. mAs seront alors calculés.

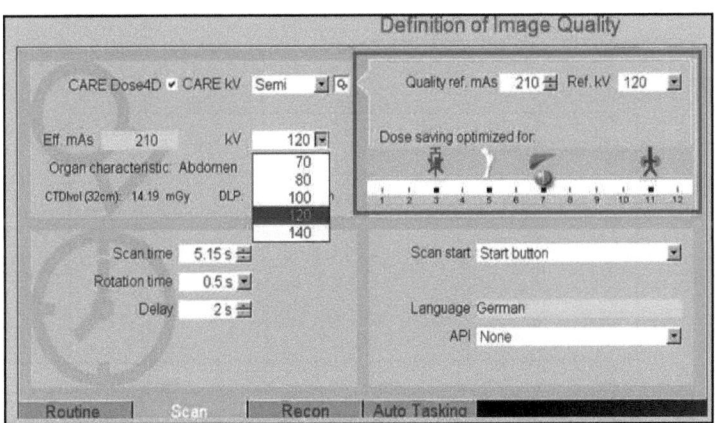

Figure III.6 : Protocole CARE kV en mode " semi "

III.1.1.3. Collimation dynamique (Protection Adaptive du Patient)

En tomodensitométrie spiralée, il est courant d'effectuer une demi-rotation supplémentaire de l'ensemble tube/détecteur en début et en fin de spirale d'acquisition, ce qui irradie plus le patient alors que seulement une partie des données recueillies est nécessaire à la reconstruction de l'image. La figure III.7 explique ce phénomène, les zones marquées en rouge sont situées hors de la région examinée et reçoivent pourtant une forte dose d'irradiation.

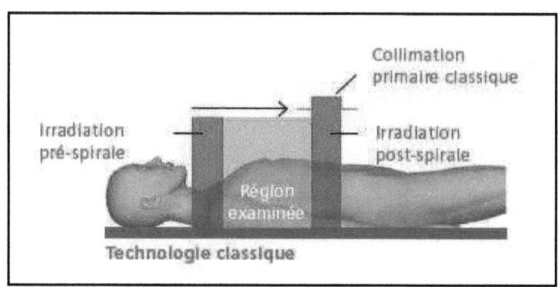

Figure III.7: Collimateur primaire classique

La Protection Adaptive du Patient (Adaptive Dose Shield) est une technologie qui s'appuie sur un mouvement précis, rapide et indépendant des lames du collimateur, ce qui permet de limiter cette sur-irradiation. Le collimateur primaire s'ouvre et se referme de manière asymétrique au début et à la fin de chaque acquisition, empêchant l'irradiation inutile des zones qui ne sont pas nécessaires à la reconstruction. Ainsi, seuls les tissus visés sont exposés (figure III.8).

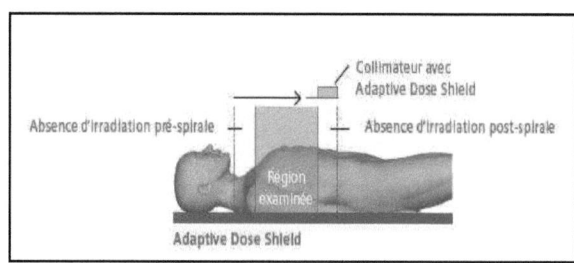

Figure III.8: Collimateur avec protection adaptative du patient

III.1.2. Techniques de réduction de la dose en scanner selon Général Electrique

Général Electrique (GE) est fier de présenter plusieurs stratégies de réduction de dose qui sont construites directement dans les scanners. Conçu pour aider les cliniciens à équilibrer l'image au bon niveau de dose de rayonnement, la plupart de ces techniques sont détaillées ci-dessous.

III.1.2.1. Modulation 3D de la dose (Auto mA, Smart mA)

III.1.2.1.1. Principe

Les techniques de réduction de la dose Général Electrique « Auto mA et Smart mA » sont deux procédures qui se basent sur l'optimisation des mA pour chaque balayage hélicoïdale, et balayage axiale. L'avantage de ces techniques, est de maintenir une exposition constante des photons pour des qualités d'image constante, tout en offrant une réduction de la dose pour le patient. En effet l' « Auto mA » est un système de contrôle d'exposition automatique qui emploie la modulation de courant de tube selon l'axe Z. Un paramètre d'indice de bruit permet de sélectionner la quantité de bruit à rayons X qui sera présent dans les images reconstruites en utilisant une seule exposition scout de patient. Le système de calcul de mA en fonction du réglage de l'indice de bruit est sélectionné. La valeur de l'indice de bruit est approximativement égale à l'écart-type dans la région centrale de l'image d'un fantôme uniforme.

III.1.2.1.2. Protocol d'acquisition

Il existe deux modes d'acquisition dans le protocole de GE :

❖ **Auto mA " off "**

Il faut s'assurer que la valeur de mA dans chaque protocole est définie à une valeur raisonnable, ainsi le protocole Auto mA ou Smart mA est désactivé (figure III.9).

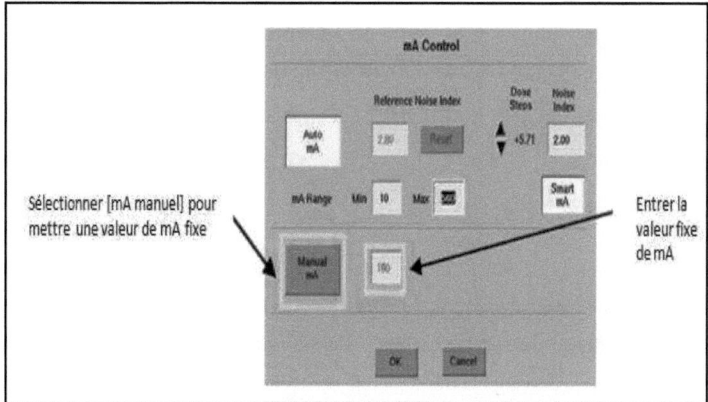

Figure III.9: Modulation manuelle de la dose

- ❖ **Auto mA " on " : (min/max mA)**

Avant d'entrer la valeur min/max nécessaire pour la modulation, il faut sélectionner "Auto mA". En effet, la valeur max de mA, définit la valeur seuil max de mA.

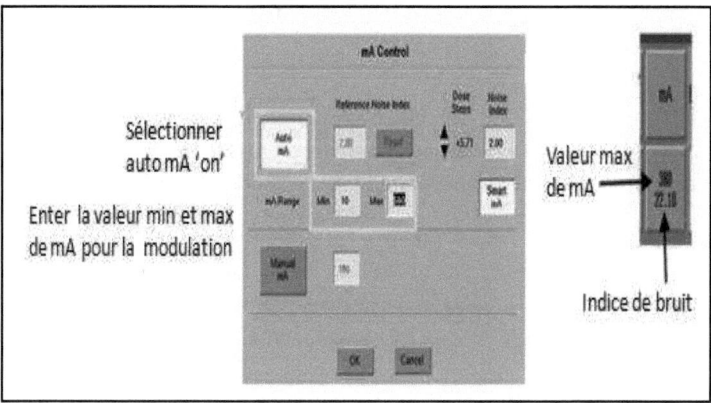

Figure III.10: Modulation automatique de la dose « Auto mA »

Durant l'acquisition suite à la sélection du menu "Auto mA", la valeur d'indice de bruit de référence (Noise Index : NI) est réglé (Figure III.11). La modification de l'épaisseur de coupe dépend de cette valeur de référence. La dose peut être augmenté ou diminué, en effet plus elle est importante, plus le bruit diminue dans l'image et par conséquent le mA requis augmente. Les valeurs négatives des doses augmentent le niveau de bruit dans l'image, et diminuent le mA requis. La valeur de la dose égale à 0 indique que l'indexe de bruit prescrit est égale à l'index de bruit de référence dans le protocole. La sélection de l'Auto mA garde le même bruit dans tous les images. Un bon diagnostic nécessite un compromis entre l'indice de bruit et un niveau de dose d'irradiation faible.

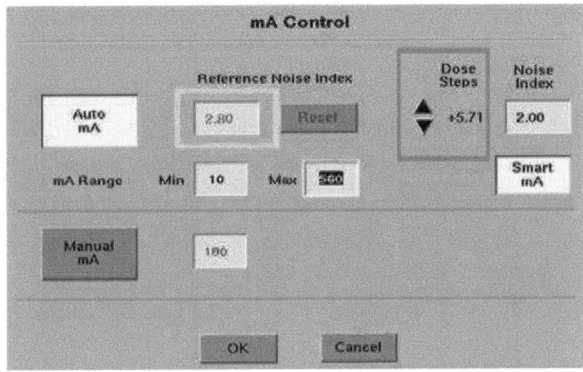

Figure III.11: Sélection de l'indice de bruit de référence

III.1.2.2. Collimation le long de l'axe Z
III.1.2.2.1. Principe

Le système d'imagerie scanner comprend un réseau de détecteurs ayant une pluralité d'éléments de détection et un tube à rayons X configuré pour diriger un faisceau de rayons X vers le détecteur à travers un objet. Le collimateur pré-patient comprend une pluralité de cames excentriques qui sont positionnées pour collimater le faisceau des rayons X et peuvent être positionnés indépendamment pour fournir une correction le long de l'axe z du faisceau à rayons X (figure III.12). Le dispositif de filtration comprend une pluralité des filtres pour modifier le faisceau à rayons X.

Optimisation de la dose d'irradiation en tomodensitométrie

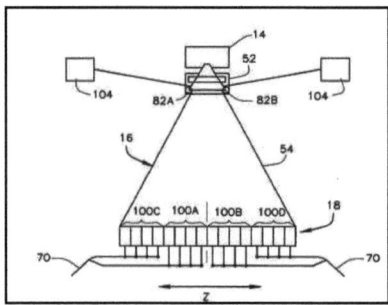

Figure III.12: dispositif de collimation

III.1.3. Techniques de réduction de la dose en tomodensitométrie selon Toshiba

Toshiba a toujours partagé le sujet de la sécurité des patients liée à l'exposition aux radiations depuis l'augmentation du nombre d'examens scanographiques et a toujours été activement impliqué dans le développement de nouveaux outils de réduction de dose selon le principe ALARA.

III.1.3.1. Technique 3D d'exposition

III.1.3.1.1. Principe

L'exposition Tomographique 3D est une fonction qui module en permanence la dose d'exposition dans l'axe X, Y et Z en fonction de la forme du corps du patient. En effet l'exposition adapte le courant de tube le long de la direction longitudinale (ou direction z) du patient pour tenir compte des variations de la taille et de la densité des différentes régions au sein d'un patient qui varient en taille et en densité. Ce procédé permet de limiter les doses au stricte nécessaire sur les zones de faibles absorptions tout en conservant une excellente qualité d'image aux endroits où l'épaisseur à traverser est beaucoup plus important, le niveau de bruit reste constant sur l'ensemble du volume. Par exemple, les poumons de faible densité ne nécessitent pas autant de courant de tube comme le bassin afin d'obtenir la même qualité d'image. L'exposition 3D est basée sur le niveau de la qualité d'image et les mesures automatiques d'atténuation obtenues à partir d'un scanogramme du patient spécifié par l'utilisateur, simple ou double. Si un seul scanogramme est utilisé, il faut s'assurer que l'exposition sera modulée longitudinalement le long de la longueur du patient et le long de la direction Z. Si un scanogramme double est utilisé, l'exposition sera modulée dans les trois dimensions (3D). Cette technique maintient automatiquement la valeur de la déviation standard par coupe en fonction du poids du patient.

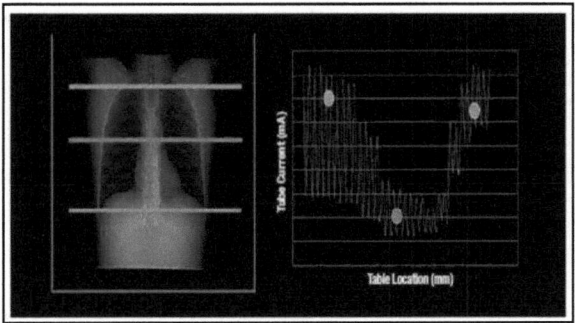

Figure III.13 : Principe de la technique d'exposition 3D

III.1.3.1.2. Protocole d'acquisition

L'exposition 3D module le courant du tube afin d'atteindre une faible dose pour une qualité d'image souhaitée. Le niveau de la qualité de l'image peut être réglé automatiquement par les protocoles sélectionnés pour l'examen clinique. Trois ou plus des paramètres globaux de la qualité d'image sont automatiquement disponibles pour chaque balayage de région. Par exemple, le protocole d'abdomen adulte a trois paramètres globaux : Haute qualité, Standard et faible dose (figure III.14).

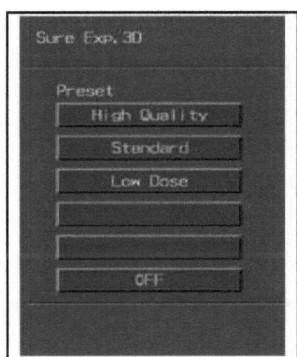

Figure III.14 : Sélection des paramètres globaux d'acquisition

Les paramètres globaux sont spécifiques à des exigences de la qualité d'image de la région du corps à examiner (tête d'adulte, corps adulte, la tête pédiatrique, ou corps pédiatrique).

Chaque paramètre de la qualité de l'image est définie par un écart type de bruit cible. La plage des valeurs du courant du tube utilisé pour chaque paramètre de qualité de l'image est limitée par un minimum et un maximum. Les paramètres de la qualité d'image fonctionnent à un niveau global, sont adaptés pour la région de corps et sont disponibles à partir de n'importe quel protocole (figure III.15).

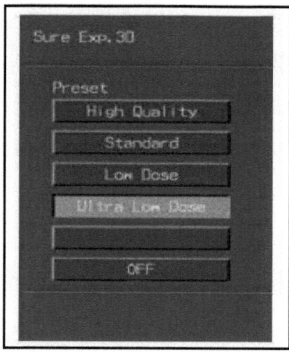

Figure III.15 : Sélection des paramètres spécifiques d'acquisition

Pour un protocole donné, le poids de patient doit être fixé (petit, moyen, grand et très grand) ainsi que le niveau de bruit et la valeur maximum et minimum de mA. Par exemple, pour un patient de poids élevé, le protocole "extra large" est sélectionné avec un mA élevé par rapport au patient examiné avec le protocole "petit".

III.1.3.2. Collimation active
III.1.3.2.1. Principe

La Collimation active est utilisée pour limiter très fortement les zones irradiées de part et d'autre du volume exploré (figure III.17). Toshiba a développé un collimateur à ouverture variable asservis au déplacement du tube à rayons X. Cette innovation technologique permet de collimater respectivement : la partie gauche et droite du faisceau lors du début et de la fin de la spirale tout en s'ouvrant intégralement lors du passage au dessus de la zone d'intérêt.

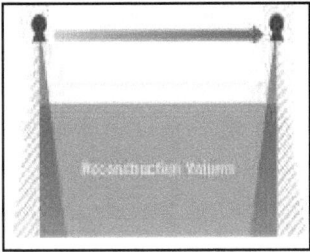

Figure III.17: collimateur actif

III.1.4. Techniques de réduction de la dose en tomodensitométrie selon Philips

La gestion de la dose est simplifiée avec Philips. Pour eux il s'agit d'une philosophie de soins de santé, le progrès est intégré dans le système et les plate-formes CT. Plusieurs composants de la chaîne d'imagerie ont été améliorés pour augmenter la vitesse de formation d'image de volume, l'efficacité de la dose et de qualité de l'image, permettant ainsi des possibilités de dose plus faible.

III.1.4.1. Dose right (Dose adéquate)

Dose Right est un ensemble de pratiques axés sur la réduction de la dose de rayonnement pour les patients. Philips se concentre sur l'optimisation de la conception du système, l'optimisation de courant (mA), et de plus en plus réduire le risque cumulatif de rayonnement tout en obtenant des images de haute qualité. Cette technique représente plusieurs parties indépendantes :

- **Dose Right,** pour la sélection automatique de courant optimal pour chaque patient basée sur l'analyse planifiée en suggérant les plus bas paramètres de mAs pour maintenir une qualité d'image constante à faible dose tout au long de l'examen.
- **Dose Right,** pour la modulation de dose angulaire, il s'agit d'un contrôle automatique de la rotation, le courant du tube, l'augmentation du signal sur les zones de haute atténuation (latérale) et la diminution de signal sur des régions présentant moins d'atténuation (AP).
- **Dose Right** « Z–DOM », c'est une modulation de la dose longitudinale, il s'agit d'un ajustement de l'intensité le long de la longueur du balayage, ce qui augmente le signal sur les régions de haute atténuation (épaules, bassin), et la diminution du signal sur les régions ayant moins d'atténuation (cou, jambes).

- **Dose Right « DOM –DOM »**, combine des informations dans le plan longitudinal et des informations à partir de la 'Surview' pour moduler la dose délivrée au patient en fonction des trois dimensions.
- **Index Dose Right « DRI »**, est un outil de quatrième génération pour spécifier la qualité d'image souhaitée. Cet outil utilise la taille du patient, telle que mesurée par la 'Surview' et la valeur DRI prédéfinie fixée par l'établissement de soins de santé pour délivrer la dose requise pour le patient afin de produire la qualité d'image souhaitée.

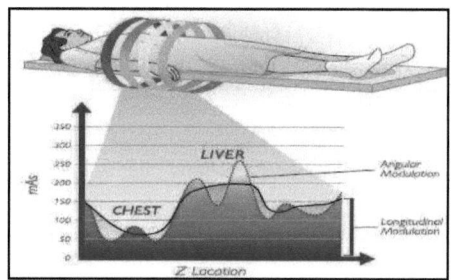

Figure III.18: La technique « Dose right » de Philips

III.1.4.2. Collimateur Eclipse

Tout exposition inutile qui ne contribue pas à l'imagerie peut se produire au début et à la fin de balayages hélicoïdaux. Le collimateur éclipse sur un élément de la chaîne d'imagerie des CT qui complète la couverture large du détecteur s'ouvre automatiquement au début et se ferme à la fin des acquisitions hélicoïdales. Ce collimateur réduit l'exposition inutile sans affecter la qualité d'image. Le PDL est réduit d'un demi-tour au début et une demi- rotation à la fin de l'hélice (représenté par les régions A B et C D de la figure III.19.

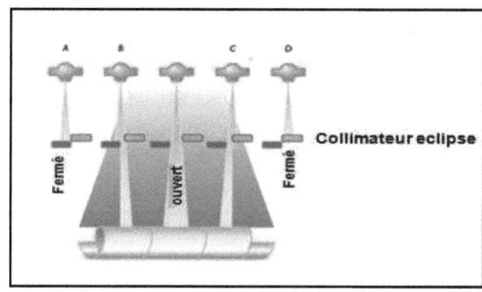

Figure III.19 : Collimateur Eclipse

III.1.5. Etude comparative des techniques de réduction de la dose

Une évaluation des performances des techniques de réduction de dose des différents types de scanner précités est présentée dans le tableau III.1.

Tableau III.1: Etude comparative de réduction de la dose entre les différents types scanners

Evaluation	Techniques de réduction de la dose			
	SIEMENS	GE	TOSHIBA	PHILIPS
Techniques	1. CARE Dose 4D : zone irradiée 2. Care kV : zone irradiée 3. Collimateur dynamique : Zone non irradiée	1. Auto mA, Smart mA: Zone irradiée 2. Collimation le long de l'axe Z : Zone non irradiée	1.^{Sure} Exposure 3D : Zone irradiée 2. Collimation active : Zone non irradiée	1. Dose right : Zone irradiée 2. Collimateur éclipse : Zone non irradiée
Localisateur de CT	Topogramme	Scout	Scanogramme	Surview
Référence de qualité de l'image	Référence qualité des mAs	Indice de bruit	(Déviation standard, haute qualité, dose faible)	Référence image
Objectif	Maintenir la même qualité d'image (cible variable de bruit pour différent niveau d'atténuation) en référence à un niveau cible de mAs efficace pour un patient de taille standard	Maintenir une valeur de bruit constante (défini dans l'indice de bruit) et prescrire une valeur min/max de mA	Maintenir une valeur constante de bruit défini dans 'valeur de déviation standard ' dans chaque protocole	Maintenir la même qualité que dans l'image de référence, quel que soit le niveau d'atténuation
Pourcentage de réduction de la dose	1. jusqu'à 68% 2. jusqu'à 76% 3. jusqu'à 25 %	1. jusqu'à 60% 2. jusqu'à 16%	1. jusqu'à 40% 2. jusqu'à 20%	1. jusqu'à 50% 2. jusqu'à 13%

III.2. Les algorithmes de réduction de bruit

En scanographie, la qualité de l'image est principalement déterminée par sa résolution spatiale et son bruit. Les méthodes de reconstruction classiques, avec rétroprojection filtrée, se heurtent à une limite, l'amélioration de la résolution spatiale entraîne une augmentation du bruit. Pour mettre face à ces problèmes, des notions d'algorithmes itératifs sont misent en place. On trouve ceux qui opèrent dans le plan de l'image ou bien dans le plan des données brutes. Dans cette partie nous présenterons le principe de ces techniques selon plusieurs générations, pour chaque marque du scanner (siemens, GE, Toshiba, Philips) et leurs apports dans le processus de reconstruction de l'image afin de réduire le bruit en plusieurs itérations, sans affecter la résolution spatiale.

III.2.1. Notions d'algorithmes itératifs

Depuis le début des scanners CT en 1970, les méthodes de reconstruction classique se basent sur l'utilisation des méthodes de rétroprojection filtrée classiques. La rétroprojection filtrée (Field Back Projection : FBP) est une technique consistant à projeter les valeurs numériques obtenues sur le plan d'image, en leur attribuant des coordonnées spatiales correspondantes à celles qu'elles avaient dans le plan de coupe examiné. Lorsque vous utilisez cette reconstruction classique des données brutes acquises en données d'image, un compromis entre la résolution spatiale et le bruit de l'image doit être pris en considération. Donc cette technique se heurte à une limite. En effet une résolution spatiale élevée augmente la capacité de voir les moindres détails, mais elle est directement corrélée à une augmentation du bruit dans l'image reconstruite avec la rétroprojection filtrée standards. Des méthodes exclusives apparaissent capables de réduire le bruit de l'image sans nuire à sa qualité ni à la visualisation des détails avec un processus de reconstruction de l'image afin de réduire le bruit en plusieurs itérations, sans affecter la résolution spatiale [13]. La plupart de ces méthodes sont détaillées ci-dessous.

III.2.1.1. Les algorithmes de réduction de bruit (Siemens)

Les constructeurs siemens ont annoncé depuis 2009 une nouvelle technologie supplémentaire de réduction de bruit en CT, c'est une technique de reconstruction itérative « IRIS » (Iterative Reconstruction in Image Space) qui opèrent dans le plan de l'image. Depuis le début 2010 une première application de réduction de bruit par reconstruction itérative qui opère dans le plan des données brutes est introduite nommé « SAFIRE » (Sinogram-Affirmed Iterative Reconstruction). Ces méthodes exclusives sont capables de réduire le bruit de l'image sans nuire à sa qualité ni à la visualisation des détails.

III.2.1.1.1. Algorithmes de 1ère génération (IRIS)

Pour tenter de réduire le bruit d'image tout en maintenant la fiabilité du diagnostic en faible dose au cours des 20 dernières années, une variété d'approches de reconstruction itératives ont été développées en CT. Siemens a développé IRIS, la reconstruction autorise un découplage de la résolution spatiale et du bruit (figure III.20). Elle améliore la résolution spatiale dans les zones où les contrastes sont plus forts et réduit le bruit dans les zones à faibles contrastes, ce qui permet à l'utilisateur d'effectuer des scanners avec des niveaux de doses plus faibles. Lors d'une reconstruction itérative, une boucle de correction est introduite dans le processus de reconstruction de l'image [11]. Une étape, appelée la rétroprojection, simule le processus de mesure du scanner, mais en utilisant l'image comme "objet mesuré". Si la reconstruction originale de l'image était parfaite, les projections mesurées seraient identiques aux projections calculées. En réalité, ce n'est pas le cas, et la divergence entre les deux est utilisée pour reconstruire une image corrigée et actualiser l'image originale. Ensuite, on applique à nouveau la boucle, les images sont améliorées petit à petit. Il est possible de réduire significativement le bruit en modélisant avec prudence le système d'acquisition de données du scanner et ses propriétés physiques dans l'algorithme de reprojection. Cette méthode s'appelle la "reconstruction itérative théorique". L'inconvénient de cette approche est que la modélisation exacte du scanner pendant la reprojection nécessite une très grande puissance de calcul.

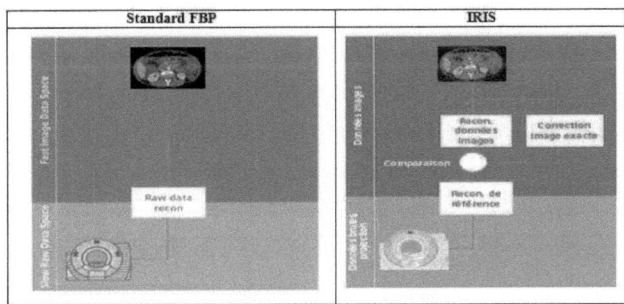

Figure III.20 : Comparaison entre FBP et IRIS

Dans une reconstruction itérative, une boucle de correction est introduite dans le processus de reconstruction de l'image. Nous résumons l'IRIS dans l'espace de l'image à une impression d'image bien établie, une bonne réduction de la dose et une reconstruction rapide (figure. III.21).

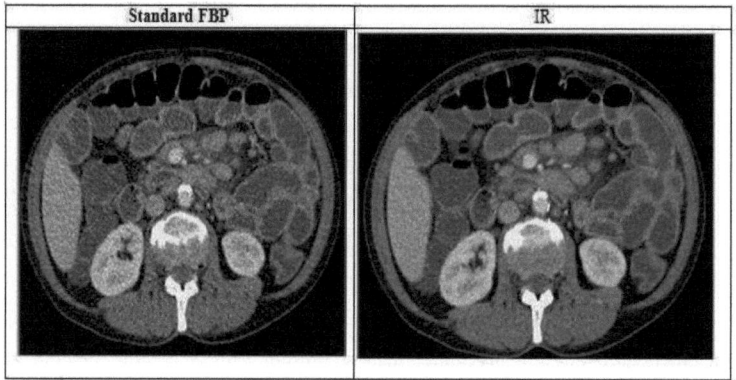

Figure III.21 : Comparaison entre la qualité d'image avec la FBP et IRIS

III.2.1.1.2. Algorithme de 2ème génération (SAFIRE)

SAFIRE est la première méthode de reconstruction itérative à partir des données brutes. Cette technique de nouvelle génération permet l'exploitation des données brutes dans la boucle de construction. En effet, l'objectif de SAFIRE est de supprimer les artéfacts et le bruit des images reconstruites (figure III.22). Il est connu que l'acquisition à faible dose apporte de bruit dans les images. Par conséquent, avec SAFIRE et par la suppression du bruit, nous améliorons la qualité de l'image à faible dose. SAFIRE effectue une première reconstruction pondérée par un FBP, à la suite deux boucles de correction différentes sont introduits dans le processus de reconstruction [14]. La première boucle, où les données sont retro projetée dans la première espace des données (données de sinogramme), est utilisée pour corriger les imperfections géométriques et d'autres artéfacts. Ceci permet des validations supplémentaires sur les mesure des données de l'image avec les nouveau déviations reconstruit sont détectées en utilisant la FBP pondérée, donnant une mise à jour à l'image. Cette boucle est alors répétée plusieurs fois en fonction de l'examen. Dans chaque itération, un premier modèle de bruit est appliqué à la base des données dynamique, permettant une réduction de bruit de l'image sans perte notable de la netteté. La deuxième boucle de correction se produit dans l'espace de l'image, où le bruit est éliminé à partir de l'image à travers un processus d'optimisation statistique. Les données de base corrigées sont ensuite utilisées pour reconstruire des images. Ces images sont "nettoyées" de bruit en utilisant une deuxième boucle d'itération (boucles itératives multiples effectuées dans le domaine de l'image pour supprimer le bruit d'image pour une qualité d'image). SAFIRE garantit en outre une réduction de la dose pouvant atteindre 60% dans une plage d'applications plus large et avec une qualité d'image inédite, surpassant même celle qu'offre IRIS.

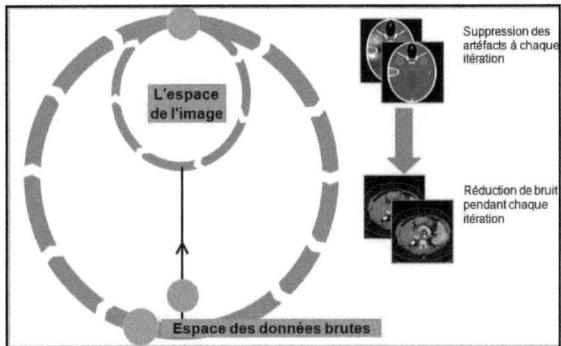

Figure III.22 : Reconstruction itérative dans l'espace des données brutes (SAFIRE)

L'image à gauche de la figure III.23, montre une image avec une certaine impression bruyante, spécialement dans le foie et la vésicule biliaire (cercle orange). Par contre l'image de droite, est beaucoup plus lisse en raison de la suppression du bruit effectué par SAFIRE.

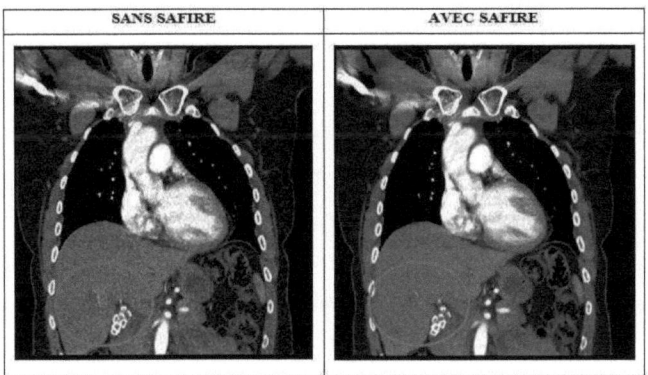

Figure III.23 : Amélioration de la qualité d'image avec la technique (SAFIRE)

III.2.1.2. Algorithmes de réduction de bruit (GE)

GE a développé en 2008, une nouvelle technique de reconstruction des images, visant la modélisation des données statistiques dans la reconstruction. Cette technique appelée " Adaptive Statistical Iterative Reconstruction" (ASIR), permet de réduire le bruit pour produire des images de qualité diagnostique. ASIR améliore également la détectabilité à faible contraste. Dans la pratique, l'utilisation d'ASIR peut réduire la dose CT en fonction du poids du patient et la localisation anatomique.

III.2.1.3. Les algorithmes de réduction de bruit (Toshiba)

Depuis 2010 Toshiba a développé son algorithme AIDR 3D (Adaptive Iterative Dose Reduction). Ce logiciel de reconstruction itérative utilise un algorithme conçu pour fonctionner dans les données brutes et dans l'espace des données d'image, permettant de réduire le bruit d'image et d'améliorer la résolution spatiale tout en réduisant l'exposition aux radiations. AIDR 3D est la dernière évolution de la technologie de reconstruction itérative qui a été intégrée dans la chaîne d'imagerie pour assurer la réduction de dose automatiquement pour tous examens CT. Une fois l'analyse a été effectuée avec des paramètres à faible dose, la reconstruction automatique avec AIDR 3D est réalisée. Cet algorithme fonctionne en deux parties. La première partie supprime de manière adaptative le bruit de photons dans le domaine des données brutes 3D. La seconde partie, est destinée à la réduction du bruit itératif basé sur un modèle dans le processus de reconstruction.

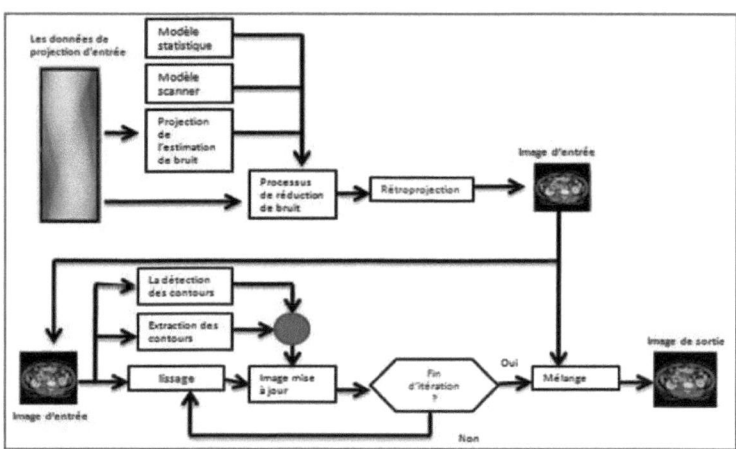

Figure III.24: Technique AIDR 3D

III.2.1.4. Les algorithmes de réduction de bruit (Philips)

Au cours des dernières années, vers la deuxième moitié de l'année 2010, Philips dévoile sa version de reconstruction itérative de haute puissance pour diminuer le bruit en CT appelé " iDose ". Philips cherche la fiabilité, une meilleure qualité d'image sans bruit, sans artéfacts. Cette technique permet une reconstruction très rapide, fonctionnant dans le plan des données brutes et dans le plan d'image. Elle fournit également des améliorations significatives en termes de prévention des artéfacts et l'efficacité de la réduction du bruit. En effet, elle identifie des mesures dans le domaine de la projection des voxels et dans le domaine de l'image qui sont susceptibles de provoquer des artéfacts liés au bruit dans le volume d'image, tels que des stries de faible intensité du signal. L'algorithme de reconstruction commence d'abord avec les données de projection où il identifie et corrige les mesures les plus bruyantes de CT et les mauvais rapports signal sur bruit avec un très faibles nombre des photons [17]. Les points présentant des mesures très bruyantes dans chaque projection sont examinés en utilisant un modèle qui comprend les vrais photons statistiques. Grâce à un processus itératif de diffusion, les données bruyantes sont sanctionnées et les bords sont préservés (figure III.25). Le bruit restant après cette étape est localisé dans l'espace image et peut être éliminé après une estimation de sa distribution, tout en préservant les bords sous-jacents associés à la vraie anatomie ou à la pathologie pour soutenir le niveau de réduction de la dose souhaité.

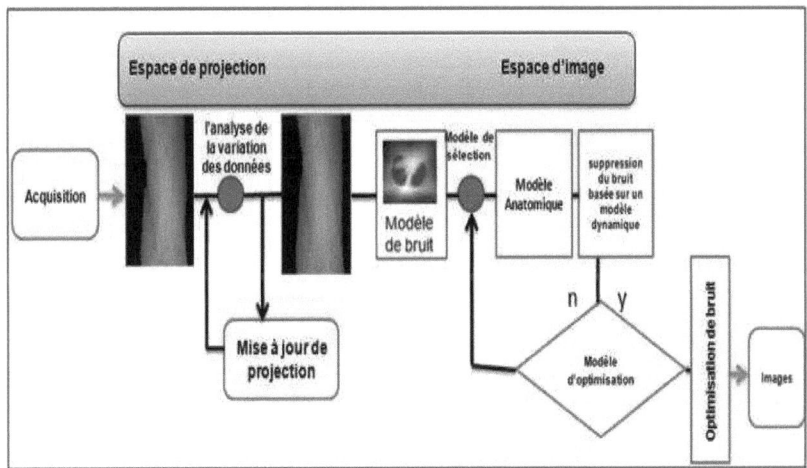

Figure III.25 : Technique" iDose "

III.3. Etude comparative des techniques de réduction de bruit

Une évaluation des performances des techniques de réduction de bruit des différents types de scanner précités est présentée dans le tableau III.2.

Tableau III.2: Etude comparative de réduction de bruit entre les différents types scanners

Evaluation	Techniques de réduction de bruit			
	SIEMENS	GE	TOSHIBA	PHILIPS
Techniques	1. IRIS 2. SAFIRE	1. ASIR	1. AIDR3D	1. iDose
Opération	1. Dans le plan d'image 2. Dans le plan d'image et le plan des données brutes	1. Dans le plan des données brutes	1. Dans le plan d'image et le plan des données brutes	1. Dans le plan d'image et le plan des données brutes
Paramètres des techniques utilisées	Le nombre d'itération : 3 ou 5, voir plus	Pourcentage de la méthode ASIR : 0% (= FBP) et 100% (= ASIR) généralement entre 30 ou 40%	Pourcentage de la méthode iDose : de 0 à 100%	Méthode automatique
Avantages	1. Amélioration de la qualité générale de l'image par rapport à la FBP. 2. Tous les algorithmes affectent le spectre de puissance de bruit 3. Réduction des artéfacts 4. Réduction de la dose	1. Amélioration de la qualité générale de l'image par rapport à la FBP 2. Maintient et améliore la résolution spatiale avec réduction du bruit 3. Tous les algorithmes affectent le spectre de puissance de bruit	1. Amélioration de la qualité générale de l'image par rapport à la FBP 2. Tous les algorithmes affectent le spectre de puissance de bruit	1. Amélioration de la qualité générale de l'image par rapport à la FBP 2. Améliore la qualité avec réduction de la dose 3. Maintient ou améliore la résolution spatiale avec réduction du bruit 5. Réduction des artéfacts 6. Meilleures réduction de la dose 7. Tous les algorithmes affectent le spectre de puissance de bruit.
Inconvénients		1. Modification de l'aspect de l'image 2. Temps de reconstruction long 3. Logiciel coûteux		
Pourcentage de réduction de bruit par rapport à la FBP	1. jusqu'à 50% 2. jusqu'à 55%	1. jusqu'à 65%	1. jusqu'à 50%	1. jusqu'à 40%
Pourcentage de réduction de la dose par rapport à la FBP	1. jusqu'à 60 % 2. jusqu'à 60 %	1. jusqu'à 65%	1. jusqu'à 70 %	1. jusqu'à 55-75%

Conclusion

L'apparition de la « tomodensitométrie informatisée » en 1972 a révolutionné l'imagerie médicale en offrant aux radiologues des outils de diagnostic exceptionnels. Mais la généralisation de la scanographie, si elle a permis des progrès médicaux considérables, s'est accompagnée d'une augmentation des doses d'irradiation délivrées aux patients. Il est donc particulièrement important de connaître et d'optimiser la dose délivrée en scanographie, c'est-à-dire maintenue « au niveau le plus faible raisonnablement possible » (principe « ALARA »). Pour ce faire, les constructeurs ont installé sur les scanners les plus récent des systèmes de contrôle automatique d'exposition et des protocoles pour chaque type d'acte visant à diminuer la dose et des méthodes capables de réduire le bruit de l'image sans nuire à la qualité des images ni à l'efficacité des examens cliniques.

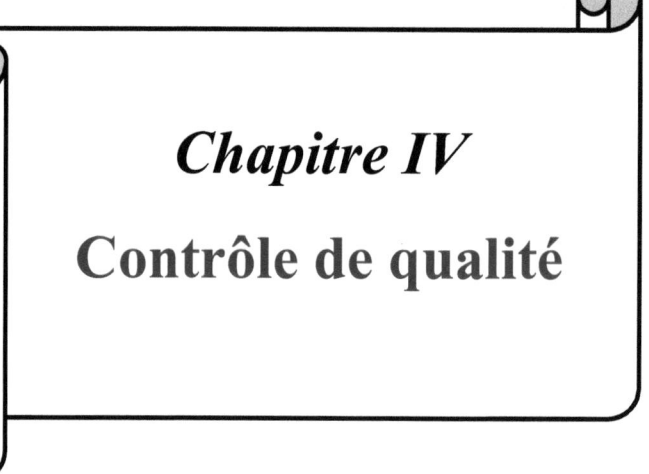

Chapitre IV
Contrôle de qualité

Introduction

Pour que les images diagnostiques produites par un scanner, soient de qualité suffisante et permettent de mettre en évidence les informations diagnostiques adéquates avec une irradiation minimale du patient, une connaissance des caractéristiques physiques et techniques de ce genre d'appareil est donc nécessaire à toute personne susceptible de l'utiliser.

La qualité du bilan radiodiagnostiques doit être le plus satisfaisant possible, tout en minimisant les doses reçues par le patient. Le contrôle qualité sert à optimiser la propriété diagnostique, mais aussi à empêcher que les caractéristiques intrinsèques à l'appareillage ne s'altèrent au cours du temps. Les tests à mettre en œuvre traitant de l'évaluation des performances et du contrôle qualité des scanners utilisés sont donnés dans ce chapitre.

IV.1. Matériel utilisé

Les tests nécessiteront l'utilisation :

- Un fantôme "Catphan 600 CT" contenant cinq modules : CTP404, CTP591, CTP528, CTP515 et CTP486.
- Un fantôme de dosimétrie de forme cylindrique avec un diamètre de 16 cm pour les examens de la tête.
- Un fantôme de dosimétrie de forme cylindrique avec un diamètre de 32cm pour les examens du corps.
- Une chambre d'ionisation cylindrique de marque "Radcol®" de 100 mm de longueur sensible et son électromètre associé.

IV.2. Etude expérimentale

IV.2.1. Contrôle qualité du scanner Siemens

Le scanner utilisé est de marque : Siemens, modèle " Somatom Emotion 6 " (figure IV.1).

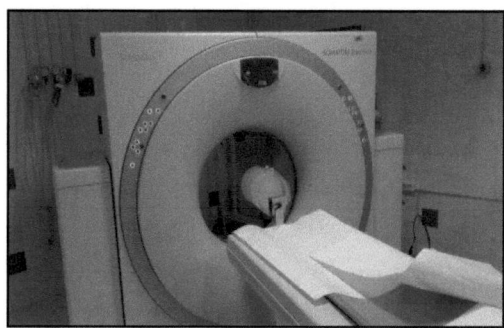

Figure IV.1 : Scanner "Somatom Emotion 6"

IV.2.1.1. Vérification de l'alignement du système

Après avoir positionné le fantôme sur la table de telle façon que les lasers de centrage coïncident avec ces marqueurs (figure IV.2), on a sélectionné le centre de l'image (image A) et le centre du scanner (image B) sur la console du scanner. Suite à la superposition de deux images, on a mesuré le décalage des deux centres suivant l'axe x, y et z.

Figure IV.2 : Alignement du Fantôme "Catphan 600 CT"

Les valeurs de décalage mesurées sont les suivantes (figure V.3) :
Précision suivant l'axe X : 0,6 mm
Précision axe Y : 1,6 mm.
Pour la précision de l'alignement suivant l'axe Z, on a mesuré le décalage entre le centre de l'image de la rampe et le centre du fantôme. En multipliant ce décalage par 0,42 (facteur de correction), on a trouvé la précision suivant l'axe Z : 1 mm x 0,42 = 0,42 mm.
D'après les critères de conformité, la précision de l'alignement suivant les axes X, Y et Z est dans les limites de tolérance (inférieure à 2 mm).

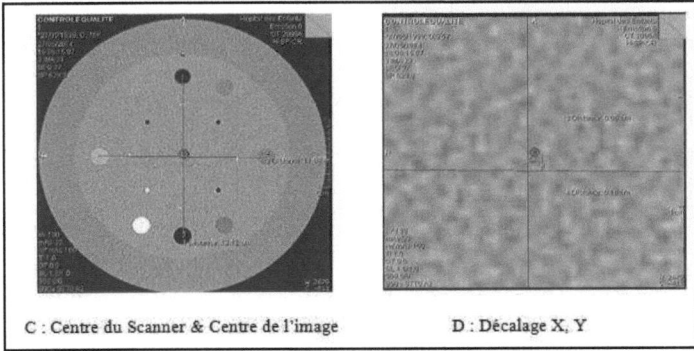

| C : Centre du Scanner & Centre de l'image | D : Décalage X, Y |

Figure IV.3: Mesure de décalage

IV.2.1.2. Précision de l'épaisseur de coupe

Pour l'étude de la précision de l'épaisseur de coupe, on a effectué l'image de module CTP591 du fantôme. Le protocole a été exécuté pour deux valeurs d'épaisseur de coupe : 1mm et 2mm.

La largeur à mis hauteur (FWHM), a été calculé, en faisant ajuster la largeur de la fenêtre de densité jusqu'à trouver les deux valeurs maximum (Vmax) et minimum (Vmin : Background)

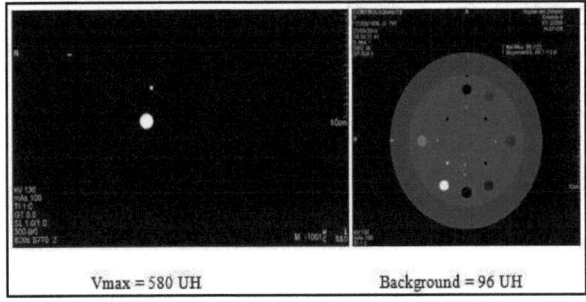

| Vmax = 580 UH | Background = 96 UH |

Figure IV.4 : Mesure de l'épaisseur de coupe

Le niveau de la fenêtre de l'image a été ajusté par la suite pour atteindre la valeur de $Vmoy = (Vmax - Vmin)/2$, tout en maintenant la largeur de la fenêtre égale à 1. Cette valeur permet d'obtenir la largeur à mi-hauteur qui correspond au profil de coupe pratique (FWHM). La valeur de l'épaisseur mesurée est donc égale à FWHM multiplié par 0.42 (facteur de correction). En comparant les valeurs de l'épaisseur de coupe mesurées et les valeurs théoriques utilisées (1mm et 2mm), on remarque que les déviations sont dans les limites de tolérance (tableau IV.1).

Tableau IV.1 : Tableau de mesure de l'épaisseur de coupe

Epaisseur de la coupe théorique	1 mm	2 mm
Vmax (UH)	580	454
Vmin = Background (UH)	96	97
Hauteur = Vmax − Background (UH)	484	357
Vmoy = Hauteur / 2 (UH)	242	178
FWHM (mm)	3,5	6
Epaisseur mesurée (mm) = FWHM x 0,42	1,47	2,52
Déviation (mm)	0,47	0,52
Tolérance (mm)	0,5	1

IV.2.1.3. Distance Intercoupe

Sur la série d'images de coupes réalisées (figure IV.5), on a mesuré la distance intercoupe théorique entre deux images sélectionnées.

Exemple :
- Image à la position 39 correspond à une distance 635 mm
- Image à la position 32 correspond à une distance 628 mm

La valeur de la distance intercoupe théorique = 635 − 628 = 7 mm

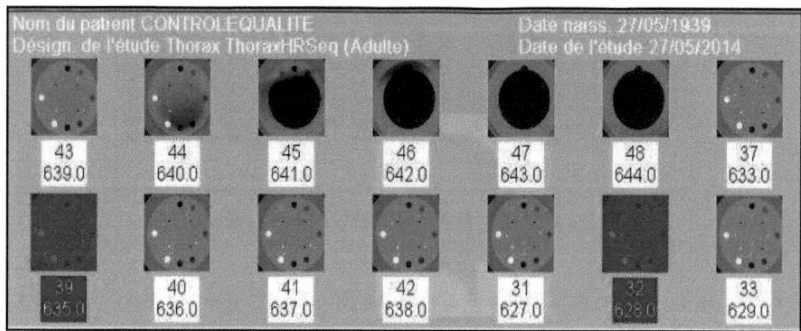

Figure IV.5 : Détermination de la distance intercoupe théorique

Pour comparer cette valeur théorique avec la valeur pratique, il suffit de superposer les deux images sélectionnées précédemment et mesurer la distance séparant les centres des deux points de ces deux images (figure IV.6).

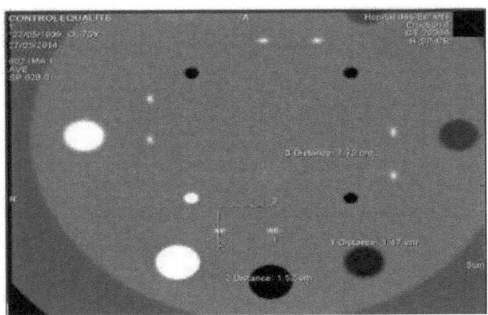

Figure IV.6: Détermination de la distance intercoupe pratique

La distance mesurée entre les deux points sélectionnés est égale à 17,2 mm. Cette valeur est multipliée par un facteur de correction (0,42) pour trouver la valeur de la distance intercoupe pratique : 17,2 x 0,42 = 7,2 mm.

En comparant les deux valeurs théorique et pratique, on remarque une déviation de 0,2 mm. Cette valeur est dans les limites de tolérance.

IV.2.1.4. La symétrie circulaire du système d'affichage

Pour vérifier la symétrie circulaire du système d'affichage d'image CT, on a utilisé les sections circulaires des images présentées dans la figure IV.7.

Les diamètres notés d_1 et d_2 mesurés sur la section 1 de l'image à droite correspondent successivement à 1,10 cm et 1,13 cm, d'où une distorsion égale à $d_1/d_2 = 0,97$.

Les diamètres notés d_4 et d_3 mesurés sur la section 2 de l'image à gauche correspondent successivement à 1,18 cm et 1,19 cm, d'où une distorsion égale à $d_4/d_3 = 0,99$.

Les déviations sont supérieures à 5 %, on n'est pas donc dans les limites de tolérance. Une action correctrice doit être envisagée.

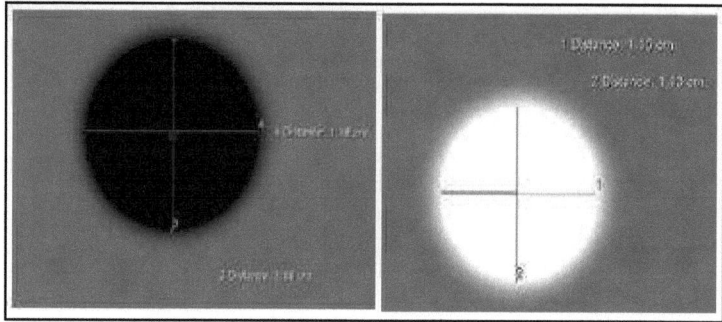

Figure IV.7 : Vérification de la symétrie circulaire du système d'affichage

IV.2.1.5. Vérification de la linéarité spatiale

La manipulation va consister à effectuer un topogramme du fantôme utilisé. Pour vérifier la linéarité spatiale on a mesuré la distance entre les trous marqués dans la figure IV.8 qui doivent être séparées d'une distance de 50 mm. Les distances mesurées sont respectivement de 50,1 mm entre les trous horizontaux et 50,2 mm entre les trous verticaux. Ces valeurs confirment une bonne linéarité spatiale de la taille du pixel.

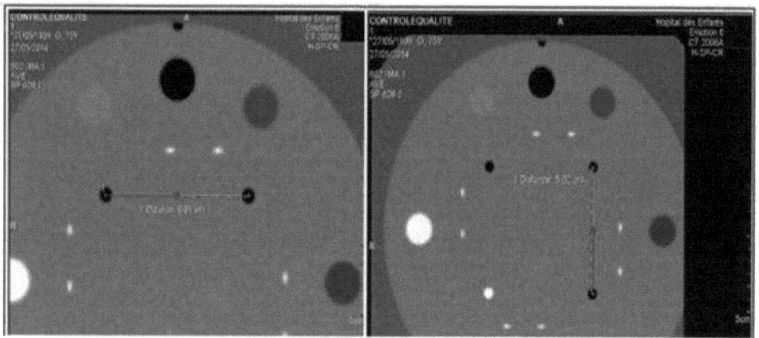

Figure IV.8 : Vérification de la linéarité spatiale

IV.2.1.6. Vérification de la contraste des sphères

Les cinq sphères acryliques numérotées (1, 2, 3, 4 et 5) présentées dans la figure IV.9, ont été utilisées pour évaluer le contraste. Ces sphères doivent avoir successivement les diamètres suivants : 2, 4, 6, 8 et 10.

Optimisation de la dose d'irradiation en tomodensitométrie

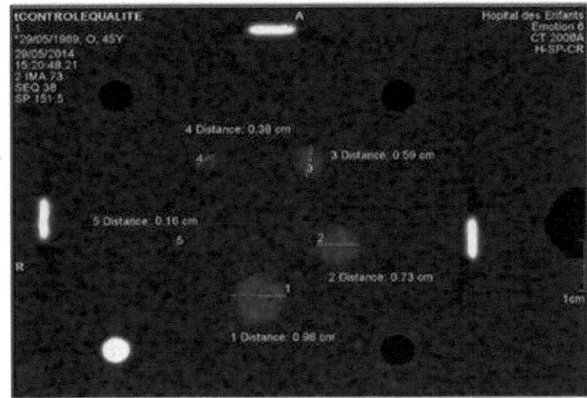

Figure IV.9 : Vérification du contraste

La mesure des diamètres de ces sphères a donné les valeurs suivantes :
D_1 (2mm) = 1,6mm ; D_2 (4mm) = 3,8mm ; D_3 (6mm) =5,9mm ; D_4 (8mm) =7,3mm et D_5 (10mm) = 9,6mm.
En comparant les valeurs théoriques et pratiques trouvées, nous remarquons que les déviations sont toujours inférieures aux limites de tolérance (1 mm).

IV.2.1.7 Sensitométrie (linéarité des densités UH)

Le test va consister à utiliser le module CTP404 du fantôme contenant des insertions de densité différentes de haut contraste : air, Poly Methyl Pentene (PMP), Low Density Poly Ethylene (LDPE), Polystyrène, Acrylique, Derlin, Téflon.

Les ROI sélectionnées à l'intérieur de chaque insertion vont nous renseigner sur leurs densités. Les valeurs trouvées ont été comparés avec les valeurs normatives selon le kV choisis.

Voici un exemple de ce que l'on obtient sur l'écran d'acquisition du scanner pour la mesure de la sensitométrie pour une tension de 80 kV (figure IV.10).

Optimisation de la dose d'irradiation en tomodensitométrie

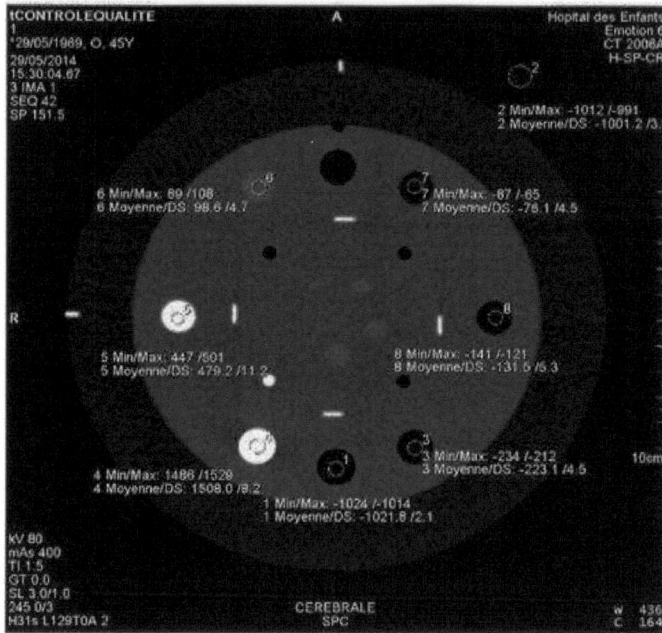

Figure IV.10 : Mesure de la densité à 80 kV

Les mesures des densités pour les différents choix du kV sont présentées dans le tableau (IV.2) :

Nous remarquons que les densités des substances varient en fonction du kV utilisé. Ces valeurs doivent être toujours vérifiées.

Tableau IV.2 : Les valeurs de la densité mesurée selon le kVchoisi

kV \ UH	Air	PMP	LDPE	Polystyrène	Acrylique	Derlin	Téflon
80	-1021	-223	-131	-76	98	479	1508
110	-1022	-194	-101	-45	121	503	1435
120	-1022	-186	-93	-35	127	504	1399

IV.2.1.8. Vérification de la précision des mouvements de la table d'examen

Afin de vérifier la précision des mouvements de la table, cette dernière est déplacée d'un module à l'autre le long du fantôme utilisé. La position de chaque module affichée après chaque déplacement de la table, est comparée à la position théorique du module (tableau IV.3). Les valeurs enregistrées montrent une bonne précision des mouvements de la table d'examen.

Tableau IV.3: Résultats des mesures de la précision des mouvements de la table

Identification du module (Catphan 600)	Module 1 CTP 404	Module 2 CTP 591	Module 3 CTP 528	Module 4 CTP 515	Module 5 CTP 486
Position pratique	+ 0 mm	+32,5 mm	+70 mm	+110,5 mm	+159,5 mm
Position théorique	+0 mm	+32.5 mm	+70 mm	+110 mm	160 mm

IV.2.1.9. Vérification de la précision des repères lumineux

Pour vérifier la précision des repères lumineux du scanner, une acquisition du premier module du fantôme a été faite. Sur la console on sélectionne l'image qui permet de voir clairement les trois marqueurs du fantôme tout en notant sa position affichée sur la console, soit P. image =148,4mm.

On déplace par la suite la table jusqu'à la valeur de P. image trouvée et on active les repères lumineux de tel sorte qu'ils coïncident avec les marqueurs du fantôme, en ce moment on note la valeur de la position de la table, soit P. table =148,5 mm.

La valeur de déplacement de la table est égale à :

$$|(P.image - P.table)| = 0.1mm$$

Selon la valeur de déplacement de la table trouvée (inférieure à 2), on peut juger que les repères lumineux du scanner sont bien précis.

IV.2.1.10. Vérification de la résolution spatiale

La résolution spatiale définit la dimension minimale dont un objet doit être doté pour pouvoir être détecté. La technique utilisée pour déterminer la résolution spatiale est la méthode basée sur l'image d'une mire. La résolution spatiale est donnée par la plus petite dimension de mire visible (en paire de ligne par cm) en utilisant le module CTP 528 du fantôme. Ce test a été vérifié pour les deux protocoles : haute résolution et standard (figure IV.11).

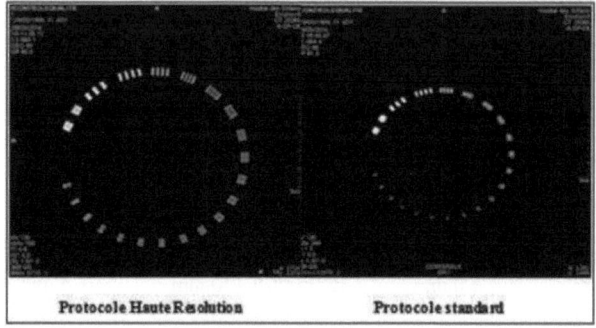

Figure IV.11: Vérification de la résolution spatiale

Les valeurs de nombre de paires de lignes distinguables sont respectivement de 7 Pl/cm pour le protocole « standard » et 8 Pl/cm pour le protocole « haute résolution ». Ces valeurs sont dans les limites de tolérance.

IV.2.1.11. Vérification de la détectabilité à faible contraste

On effectue une image du module CTP 515 du fantôme utilisé, contenant des insertions de densité électronique différente (figure IV.12). Les trois insertions étudiées ayant comme pourcentage de contraste 1%, 0,5% et 0,3% successivement .Afin de vérifier la détectabilité à faible contraste, on a calculé la différence entre la densité à l'intérieur et à l'extérieur des ROI sélectionnées, soient (Di) et (De).

Les valeurs trouvées sont enregistrées dans le tableau IV.4 :

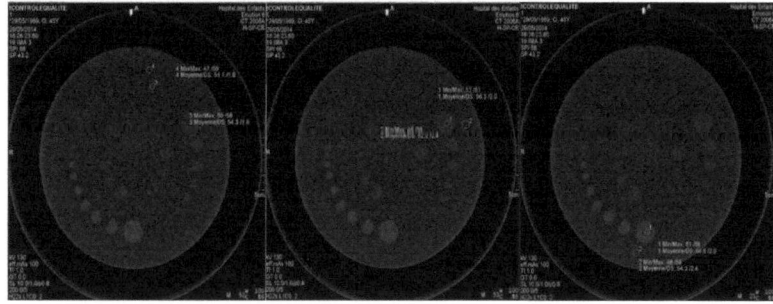

Figure IV.12 : Vérification de la détectabilité à faible contraste

Le pourcentage mesuré pour chaque insertion doit correspondre à une valeur de ± 15 %, ce qui est vérifié dans notre cas (tableau IV.4).

Tableau IV.4: Mesure des densités à faible contraste

% de contraste	1%	0,5%	0,3%
Densité Di (UH)	64,8	56,3	54,3
Densité De (UH)	54,3	52,2	51,1
Déviation (UH)	10.5	4.1	3.2
Pourcentage = déviation .100/Di	16 %	7.28 %	5.89 %

IV.2.1.12. Vérification de l'uniformité

Après acquisition du module CTP 486 du fantôme utilisé, on a sectionné les ROI sur les cinq marqueurs visibles de l'image étudiée (figure IV.13).

Pour valider l'uniformité du système, on calcul l'écart de la densité du marqueur centrale (D_c) par rapport à la densité moyenne des quatre densités des marqueurs périphériques (D_p) selon la formule suivante :

$$Ecart = |Dc - (Dp1 + Dp2 + Dp3 + Dp4)/4|$$

La valeur de l'écart trouvée = $|14,1 - (13,6 + 13,8 + 14,6 + 14)/4|$ = 0,1 UH ne doit pas s'écarter de plus de 5 UH.

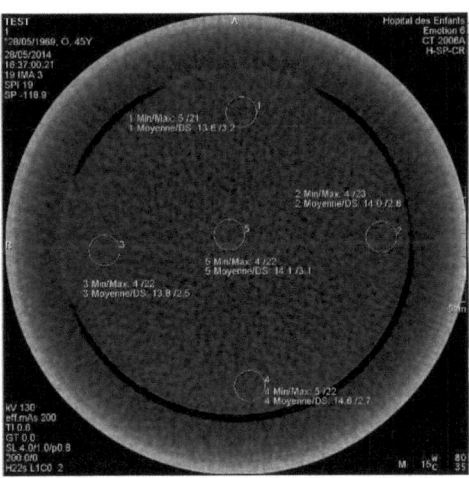

Figure IV.13 : Vérification de l'uniformité

IV.2.1.13. Mesure de l'Index de Dose Scanographique (IDS) ou (CDTI)

Il est recommandé d'utiliser un fantôme de dosimétrie de forme cylindrique avec un diamètre de 16 cm pour les examens de la tête et de 32 cm de diamètre pour les examens du corps. Le fantôme doit comporter des trous positionnés parallèlement à l'axe du cylindre, de taille spécialement adaptée à la chambre d'ionisation utilisée. Un trou doit être centré et les autres positionnés sur un cercle situé en retrait de 1 cm du rayon du cylindre à des intervalles de 90°. Des inserts doivent permettre de boucher les trous non utilisés lors de la mesure.

IV.2.1.13.1. Mesure de l'IDS pour le protocole tête

La Commission Européenne recommande de mesurer le CTDI au centre du fantôme (CTDIc) et en périphérie (CTDIp), à 1 cm de la surface. On définit alors le CTDI pondéré (CTDIw) qui rend mieux compte de la dose moyenne absorbée par le patient. Son calcul intègre le fait que les doses absorbées en périphérie et au centre du volume irradié varient :

$$CTDIw = 1/3\ CTDIc + 2/3\ CTDIp.$$

Avec :

- CTDIw = indice de dose scanographique pondéré en mGy
- IDSPc = indice de dose scanographique pondéré central
- IDSPp = indice de dose scanographique pondéré périphérique

La mesure de CTDIw a été réalisée grâce à une chambre d'ionisation de marque "Radcol®" de 100 mm de longueur. Après avoir positionné le fantôme tête de 16 cm de diamètre, on a effectué dans un premier temps un topogramme de ce dernier pour estimer la valeur de la CTDIvol du système.

Pour la mesure de CTDIc, on a placé la sonde de la chambre d'ionisation dans le trou central du fantôme et les inserts dans les trous périphériques (figure IV.14).

On a mesuré ensuite, dans les mêmes conditions les CTDIp, à 1 cm de la surface du fantôme en déplaçant la sonde de la chambre d'ionisation d'un trou périphérique à un autre, soient : $CTDIp_1$, $CTDIp_2$, $CTDIp_3$ et $CTDIp_4$. Les trous non utilisés sont bouchers par les inserts chaque fois. La valeur de CTDIp est la moyenne des quatre valeurs mesurées sur la périphérie du fantôme. Les valeurs trouvées figurent dans tableau IV.5.

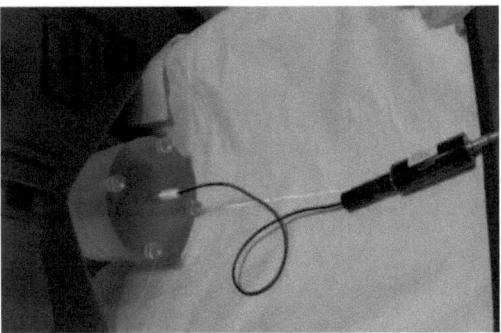

Figure IV.14: Fantôme tête de 16 cm de diamètre

Tableau IV.5: Mesure de la CTDIvol pour le protocole tête

CTDI (mGy) estimé par le système	41,92 mGy				
CTDI (mGy)	CTDIc	CTDIp$_1$	CTDIp$_2$	CTDIp$_3$	CTDIp$_4$
	41, 58	44, 4	42, 04	41	42, 84
CTDIw (mGy)	42,24 mGy				

IV.2.1.13.2. Mesure de la CTDI pour le protocole corps

Même procédure a été effectuée que précédemment en utilisant un fantôme « corps » ayant 32 cm de diamètre (figure IV.15).
Les valeurs de la CTDI mesurées sont présentées dans le tableau IV.5 :

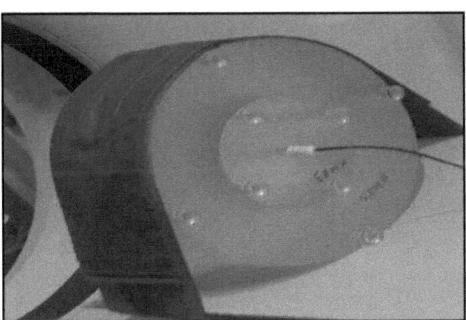

Figure V.15: Fantôme corps de 32 cm de diamètre

Tableau IV.6: Mesure de la CTDIvol pour le protocole corps

CTDI (mGy) estimé par le système	13, 27 mGy				
CTDI (mGy)	CTDIc	CTDIp$_1$	CTDIp$_2$	CTDIp$_3$	CTDIp$_4$
	9,605	15, 91	15, 38	14, 86	15, 98
CTDIw (mGy)	13, 55 mGy				

Les écarts calculés entre les doses théoriques et pratiques sont respectivement de 0,32 mGy pour le protocole tête et 0.28 mGy pour le protocole corps. Les pourcentages calculés pour le protocole tête est 0.32/42.24 = 0.007 et pour le protocole corps est 0.28/13.55 = 0.02. Ces valeurs sont dans les limites de tolérance (± 20 % = 0.2).

Conclusion

A partir de ces manipulations, nous pouvons conclure que le scanner fonctionne correctement tout en déposant un minimum de dose dans les patients. En effet, on est dans les limites de dose autorisée.

Les centres de radiologie disposant de scanners doivent faire une évaluation périodique des doses pour des procédures courantes sur des fantômes standards et comparer les résultats aux niveaux de référence. Si ces niveaux sont régulièrement dépassés, une révision des procédures et un contrôle des scanners s'imposent, une action correctrice doit être envisagée si rien ne justifie le dépassement.

Chapitre V

Evaluation des techniques de réduction de la dose

Introduction

Disposant des indicateurs de dose de chaque examen scanographique et des niveaux de référence, l'utilisateur peut vérifier que sa pratique se situe dans la moyenne dosimétrique pour chaque type d'examen réalisé.

La réduction de dose peut être obtenue par la pratique professionnelle et l'innovation des équipements. De multiples facteurs influencent la dose délivrée aux patients en scanographie. Les caractéristiques techniques propres à chaque type de scanner, les paramètres liés à la procédure : la tension appliquée au tube à RX, l'intensité du courant, le pas de l'hélice, l'emploi de différents logiciels de modulation de dose, etc... L'optimisation de ces différents paramètres permet de réduire les doses de façon drastique.

Dans ce chapitre, nous présenterons dans un premier temps l'évaluation des techniques de réduction de dose à partir des mesures et des examens scanographique réalisés, ainsi que les discussions relatives aux différentes étapes menées au cours de notre étude expérimentale.

Dans un deuxième temps, on a essayé d'améliorer les niveaux de référence actuels en fonction de l'évolution des pratiques et de l'innovation technologique des appareils.

V.1. Influence des paramètres d'acquisition sur la dose

Afin de mettre en évidence l'influence des paramètres (kV et mAs) sur la dose, on a réalisé des mesures sur un fantôme « tête » de 16 cm de diamètre.

V.1.1. Influence de la variation de la charge sur la dose

Paramètres techniques utilisés

- Mode d'acquisition : séquentiel
- Tension : 140 kV
- Charge : variable (mAs)
- Durée d'acquisition : 8 s

Le test va consister à effectuer différentes acquisitions tout en faisant varier l'intensité du courant appliqué à la cathode et en gardant la tension fixe. Les valeurs des deux grandeurs dosimétriques : CTDIvol et le PDL sont notées après chaque acquisition. Les résultats sont regroupés sous forme de tableau (tableau V.1).

Tableau V.1 : Mesure de la CTDIvol et de PDL avec kV fixe

mA	100	140	160	180	200	220	240	260	280	300	320
CTDIvol (mGy)	57	79,8	91,2	111,92	124,36	136,79	149,23	161,66	174,1	186,54	198,97
PDL mGy.cm	228,01	319,21	364,81	447,69	497,43	547,17	596,91	646,66	696,4	746,14	795,89
kV	140	140	140	140	140	140	140	140	140	140	140

D'après les résultats obtenus, nous remarquons que les valeurs des indicateurs dosimétriques sont directement proportionnels à l'intensité (mA). La figure V.1, montre une variation linéaire de l'indice de dose volumique en fonction de la charge.

La charge est le paramètre le plus facilement corrélé à la dose ; en effet il exprime directement la quantité de photons émise. Toute réduction ou augmentation de ce produit réduira ou augmentera dans la même proportion l'exposition du patient. La réduction de dose que l'on peut obtenir en diminuant la charge est cependant limitée par l'augmentation du bruit qui en résulte. En effet, le bruit est inversement proportionnel à la racine carrée de la charge, ainsi il augmente de 40 % quand la charge est divisée par deux [8]. D'où l'importance, compte tenu de la morphologie du patient, de limiter au minimum nécessaire l'intensité du courant (mA).

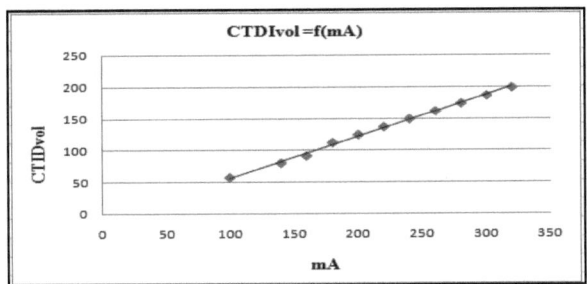

Figure V.1 : Courbe de la CTDIvol en fonction des mAs

V.1.2. Influence de la variation des kV sur la dose
Paramètres techniques utilisés
- Mode d'acquisition : séquentiel
- Tension : variable (kV)
- Charge : 160 (mAs)
- Durée d'acquisition : 8 s

La manipulation est semblable à celle réalisée précédemment, mais c'est la tension appliquée au tube (kV) qui varie cette fois-ci, la charge est fixe. Les mesures sont enregistrées dans le tableau V.2.

Tableau V.2 : Mesure de la CTDIvol et de PDL avec charge fixe

kV	80	100	120	140
CTDIvol (mGy)	24,11	43,06	66,9	91,2
PDL (mGy.cm)	96,44	172,23	267,61	364,81
mA	160	160	160	160

La dose augmente avec la tension appliquée au tube. La modification des kV entraîne une très importante modification de la dose : par exemple, passer de 80 à 100 kV augmente la dose d'environ 50 %. Il convient donc de choisir la tension la moins élevée compatible avec la qualité requise de l'image. En effet, l'augmentation de la tension (kV) augmente le débit de photons et la pénétration du faisceau de rayons X émis par le tube. En contrepartie, le contraste d'image diminue car l'absorption devient plus homogène mais, comme le bruit est également diminué (plus grande quantité de photons au détecteur), le rapport contraste/bruit n'est pas affecté en TDM. En outre, toute modification de la tension retentit fortement sur la dose-patient, puisque celle-ci varie sensiblement comme le carré de la tension [8]. La baisse du kilovoltage constitue en théorie le moyen le plus efficace de réduire l'irradiation.
La figure V.2, montre la variation de la CTDIvol en fonction de la tension.

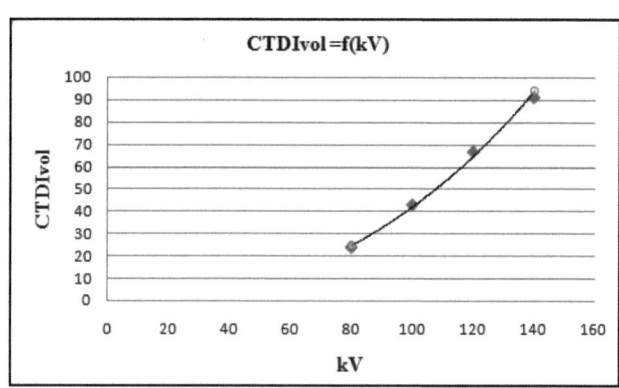

Figure V.2 : Courbe de la CTDIvol en fonction de kV

V.1.3. Influence de la variation du pas d'hélice « pitch » sur la dose

Paramètres techniques utilisés
- Mode d'acquisition : spiralé
- Tension : 120 (kV)
- Charge : 280 (mAs)
- Durée d'acquisition : 11,33 s

La manipulation va consister à effectuer différentes acquisitions en mode spiralé en faisant varier le pas d'hélice « pitch ». Les mesures sont enregistrées dans le tableau V.3.

Tableau IV.3 : Mesure de la CTDIvol et de PDL avec mAs et kV fixe

pitch	0,562	0,938	1,375	1,75
CTDIvol (mGy)	113,52	54,73	43,12	37,14
PDL (mGy.cm)	723,41	352,91	282,84	245,37
kV	120	120	120	120
mA	280	280	280	280
Temps d'acquistion (s)	11,33	11,33	11,33	11,33

La figure V.3, montre la variation de la CTDIvol en fonction du pas. On remarque une augmentation de la dose pour des valeurs de pitch inférieures à 1 et une diminution de la dose pour des valeurs de pitch supérieures à 1. En outre, en tomodensitométrie, le pas ou pitch exprime la distance parcourue par le lit en une rotation divisée par l'épaisseur de la coupe. Donc le pas permet de diminuer la dose en proportion de sa valeur, puisque la quantité de rayons X absorbée dans le volume exploré est inversement proportionnelle au pas.

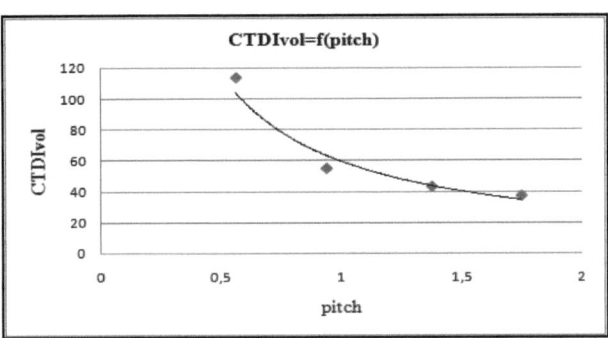

Figure V.3 : Courbe de la CTDIvol en fonction de pitch

V.2. Examen avec modulation de la dose Siemens

V.2.1. Examen cérébral sans la technique CARE Dose 4D
Paramètres techniques utilisés
- Mode d'acquisition : spiralé
- Tension : 120 kV
- Charge (produit de l'intensité par le temps d'émission des rayons X) : 370 mAs
- Durée d'acquisition : 15,33 s

La figure V.4 montre le profil d'acquisition de l'examen réalisé.

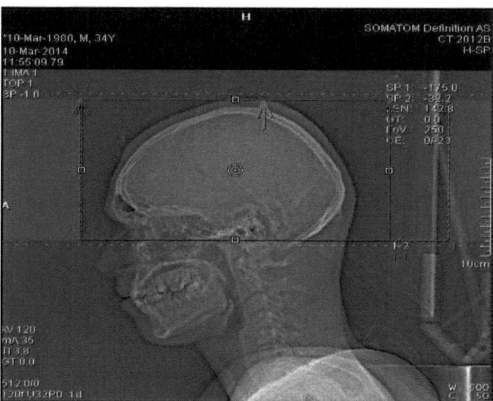

Figure V.4: Profil d'acquisition

Le CTDIvol prévu est affiché sur l'interface utilisateur du scanner avant chaque scan. L'opérateur peut ainsi facilement observer sur l'écran la variation de la dose absorbée en fonction des paramètres sélectionnés pour l'examen (figure V.5) :

- CTDIvol = 60,50 mGy
- PDL = 916,8 mGy.cm

Pour chaque examen scanographique, le CTDIvol et le PDL doivent être inscrits dans le dossier du patient et peuvent donc être consultés et archivées ultérieurement.

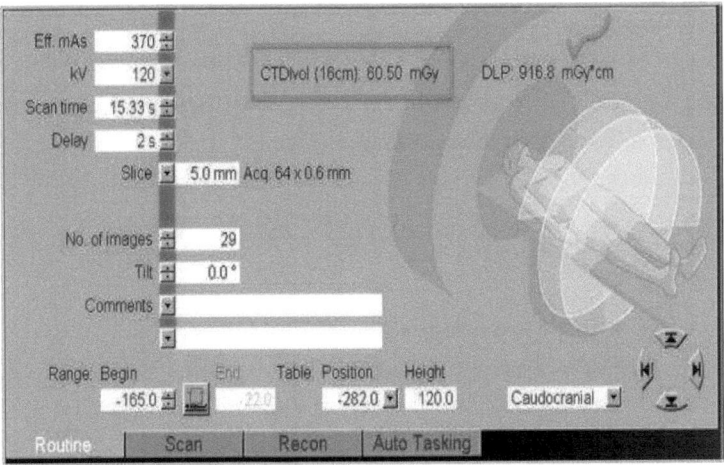

Figure V.5 : CTDIvol et DLP sans la technique de CARE Dose 4D

Pour connaitre le niveau de l'irradiation associe aux types d'actes étudiés, les doses efficaces ont été calculées à partir du PDL. Des facteurs de conversion permettent d'estimer très simplement l'ordre de grandeur de la dose efficace en multipliant le PDL relevé en TDM par un coefficient E_{pdl} dépendant de la zone explorée. Ces facteurs ont été établis à partir des valeurs des facteurs de pondération tissulaire définis dans la publication 60 de la CIPR [9].

$$E_{(mSv)} = PDL * E_{pdl}$$

E_{pdl} est le facteur de conversion permettant de passer du produit dose. Longueur en mGy•cm à la dose efficace en mSv. Pour la tête, il est égal à 00021 mSv/(mGy.cm), d'où une dose efficace (E_1) de l'ordre de 1,929 mSv.

V.2.2. Examen cérébral avec la technique de « CARE Dose 4D »

Même examen a été réalisé que précédemment mais avec la technique de réduction de la dose « CARE Dose 4D ». La figure V.6, montre les valeurs dosimétriques affichées à la console du scanner :

- CTDIvol = 43,89 mGy
- PDL = 665,1 mGy .cm

La dose efficace (E_2) calculée avec la technique de « CARE dose 4D » est de l'ordre de 1,396 mSv.

La technique « Care Dose 4D », pour l'examen cérébral a permis de réduire la dose délivrée au patient d'environ 27,63% par rapport à l'examen réalisé avec la technique standard. Ce pourcentage a été calculé en utilisant la formule suivante :

$$P = \frac{(E1 - E2) * 100}{E1}$$

Avec :
- E_1 : Dose efficace sans la technique de réduction de dose
- E_2 : Dose efficace avec la technique de « CARE Dose 4D »

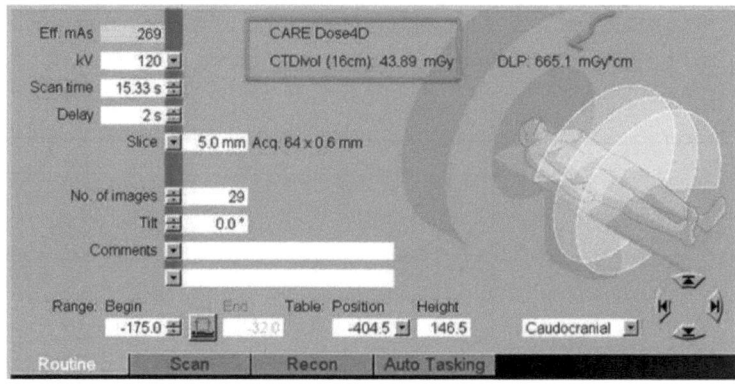

Figure V.6: CTDIvol et DLP avec la technique de CARE Dose 4D

La technique du « CARE Dose 4D » permet d'adapter automatiquement la dose de rayonnement selon la taille et la morphologie du patient, en ajustant le courant (mAs). L'application de cette technique pour l'examen cérébral effectué, a permis de maintenir une bonne qualité d'image diagnostique selon le médecin, tout en obtenant une dose de rayonnement appropriée. La figure V.7, illustre le principe de fonctionnement du CARE Dose 4D dans notre cas.

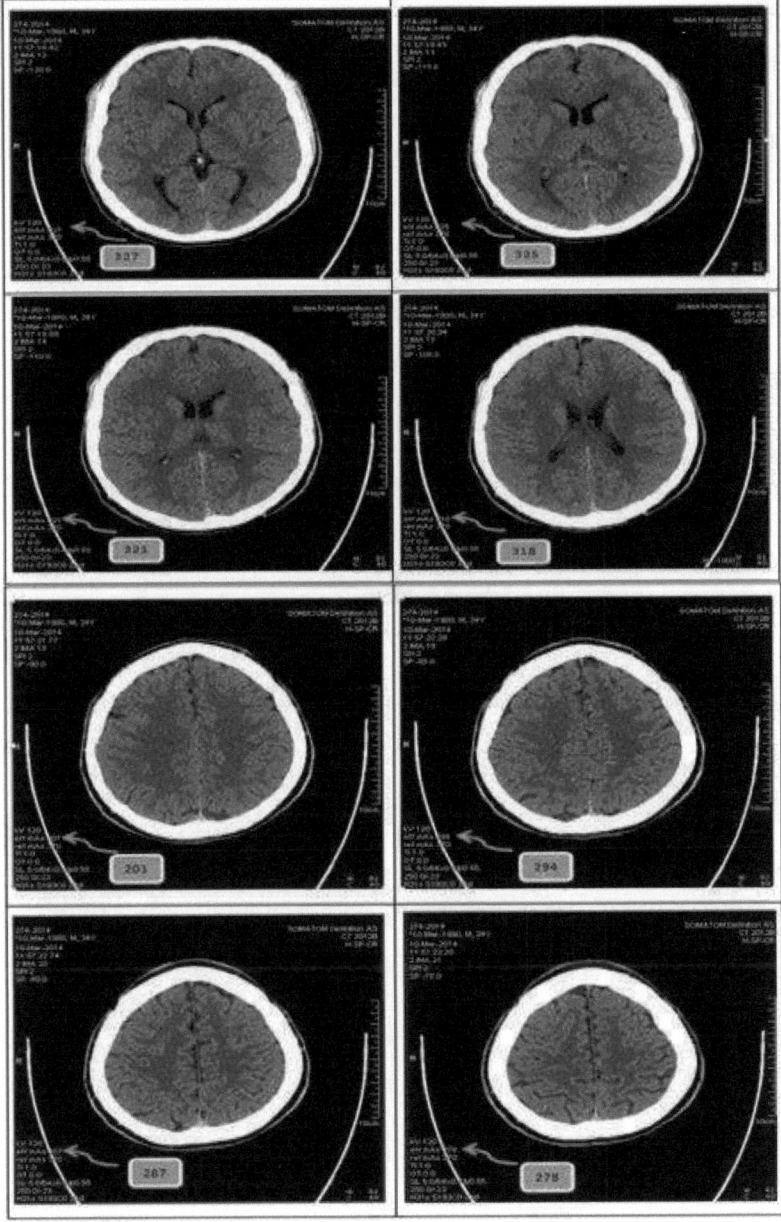

Figure V.7: Modulation des mAs en fonction de la région explorée

V.2.3. Examen thoraco-abdomino-pelvien sans la technique CARE Dose 4D

Paramètres techniques utilisés
- Mode d'acquisition : spiralé
- Tension : 120 kV
- Charge : 200 mAs
- Durée d'acquisition : 20,02 s

La figure V.8 montre le profil d'acquisition de l'examen réalisé.

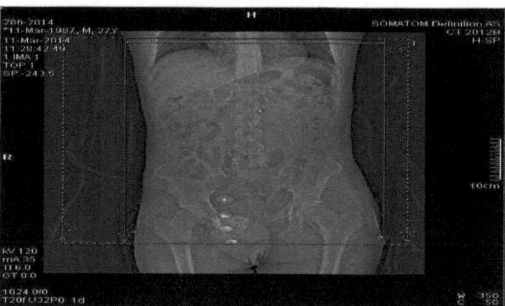

Figure V.8: Profil d'acquisition

Les valeurs dosimétriques enregistrées à la fin de l'examen sont affichées à la console du scanner (figure V.9) :
- $CTDI_{vol}$ = 15,23 mGy
- PDL = 685,8 mGy.cm

La dose efficace calculée pour ce type d'examen est de l'ordre de 10,287 mSv. Sachant que le facteur de conversion (E_{pdl}) pour l'abdomen-thorax-pelvis est de 0,015 mSv/(mGy.cm).

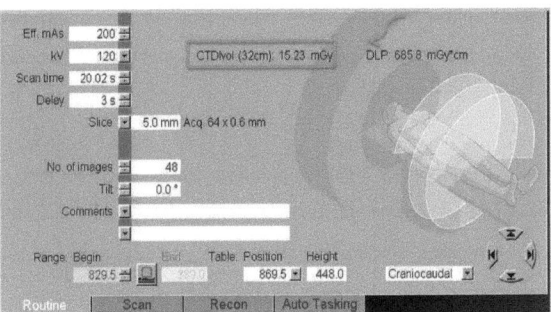

Figure V.9 : CTDIvol et DLP sans la technique de CARE Dose 4D

V.2.4. Examen thoraco-Abdomino-pelvien avec la technique de « CARE Dose 4D »

Même examen a été réalisé que précédemment mais avec la technique de réduction de la dose « CARE Dose 4D ». La figure V.10, montre les valeurs dosimétriques affichées à la console du scanner :

- $CTDI_{vol}$ = 9,01 mGy
- PDL = 462 mGy.cm

La dose efficace calculée avec la technique de « CARE Dose 4D » est de l'ordre de 6,93 mSv. En utilisant cette technique, la dose délivrée au patient a été réduit de 32,56 % par rapport à l'examen réalisé avec la technique standard.

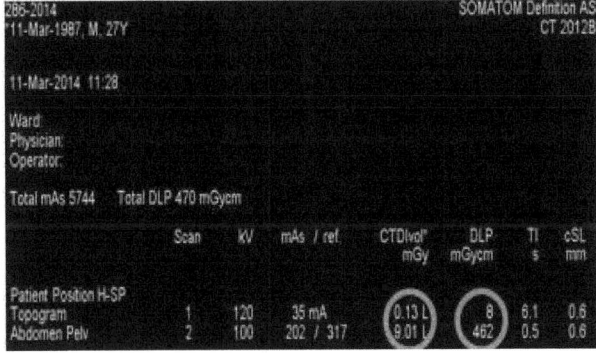

Figure V.10: CTDIvol et DLP avec la technique de CARE Dose 4D

On constate également que la dose efficace est très dépendante de la région explorée. Malgré la dose relativement élevée au volume pour une exploration de la tête (43, 89 mGy), la dose efficace reste modeste (1,396 mSv), alors que pour une exposition moindre de l'abdomen (9,01 mGy), la dose efficace représente presque la moitié de cette dose (6,93mSv). Ceci est dû à la sensibilité importante des tissus inclus dans le volume thoraco-abdomino-pelvien.

La technique du « CARE Dose 4D » délivre une dose de rayonnement optimisée pour chaque type d'examen et ajuste le courant du tube en conséquence pour les différentes parties du corps. La figure V.11 montre, une amélioration de la qualité d'image à faible dose selon le médecin suite à l'utilisation de la technique « CARE Dose 4D ».

Optimisation de la dose d'irradiation en tomodensitométrie

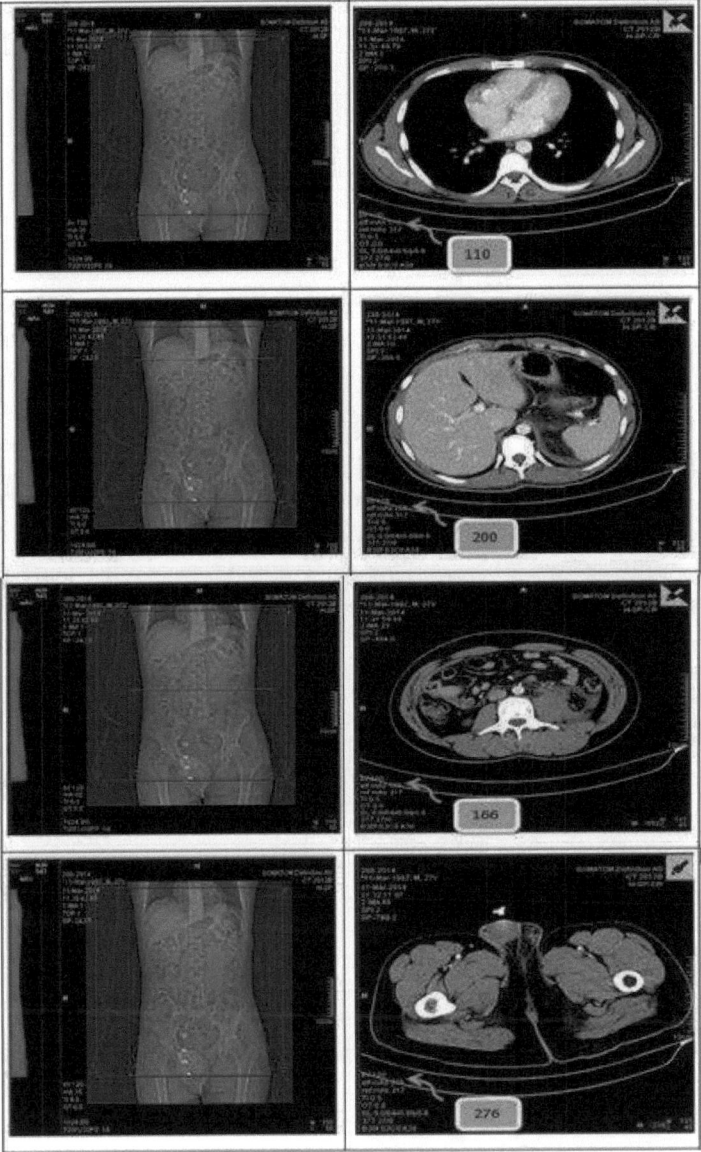

Figure V.11 : Modulation des mAs en fonction de la région explorée

V.2.5. Examen périphérique sans la technique « CARE Dose 4D »

Paramètres techniques utilisés
- Mode d'acquisition : spiralé
- Tension : 110 kV
- Charge : 100 mAs
- Durée d'acquisition : 23.75 s

Les valeurs dosimétriques enregistrées à la fin de l'examen sont affichées à la console du scanner (figure V.12) :
- $CTDI_{vol} = 7{,}41$ mGy
- PDL = 619,65 mGy.cm

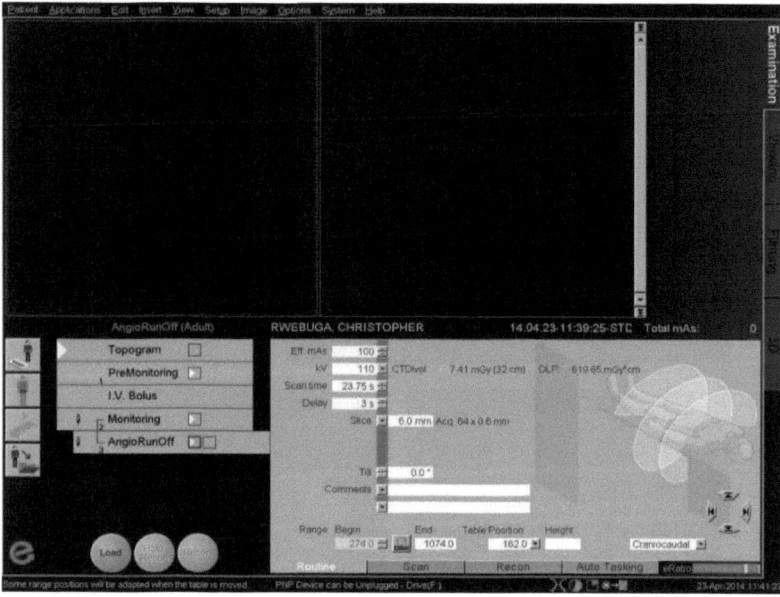

Figure V.12. CTDIvol et DLP sans la technique de CARE Dose 4D

Les indicateurs dosimétriques pour les examens intéressant, les membres supérieurs ou inférieurs sont rarement étudiés. Ceci probablement en raison de la radiosensibilité peu importante des ces deux régions .et en raison de l'absence d'obligation de faire apparaitre le PDL pour ce type d'acte.

V.2.6. Examen périphérique avec la technique de « CARE Dose 4D »

Même examen a été réalisé que précédemment mais avec la technique de réduction de la dose « Care Dose 4D ». La figure V.13, montre les valeurs dosimétriques affichées à la console du scanner :

- $CTDI_{vol}$ =3,22 mGy
- PDL = 422,20 mGy.cm

Le CTDI volumique relatif à l'examen périphérique standard était de l'ordre de 7,41 mGy. La technique « Care Dose 4D », a donc permis de réduire la dose délivrée au patient.

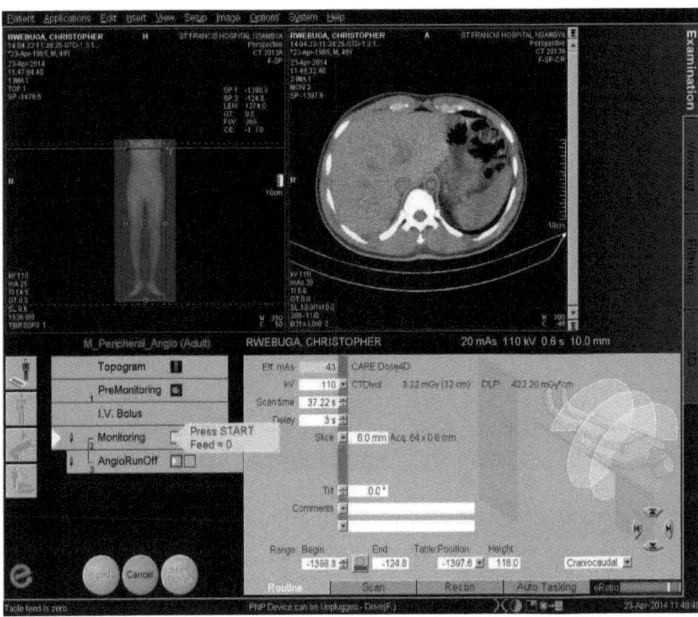

Figure V.13: CTDIvol et DLP avec la technique de « CARE Dose 4D »

V.3. Examen cérébral avec la technique de reconstruction itérative SAFIRE

Les reconstructions itératives sont un nouveau mode de reconstruction d'image qui permet de réduire le bruit de l'image avec une dose délivrée au patient équivalente. Ce nouveau type de reconstruction est proposé à l'heure actuelle par les quatre constructeurs de scanner. Même si les reconstructions itératives ne réduisent pas par elles-mêmes la dose, la réduction du bruit de l'image facilite la démarche d'optimisation de dose en pratique quotidienne.

En scanographie, la qualité des images est principalement déterminée par leur résolution spatiale et leur bruit. En utilisant la technique « SAFIRE » (Sinogram-Affirmed Iterative Reconstruction), une boucle de correction est introduite dans le processus de reconstruction de l'image afin de réduire le bruit en plusieurs itérations, sans affecter la résolution spatiale. Pour tester les performances de cette technique, nous avons réalisé un examen cérébral d'un patient en utilisant cette option (Figure V.14). La technique SAFIRE propose cinq différentes pondérations (filtres de reconstruction). La force de pondération par défaut est fixée à 3. Le niveau de réduction du bruit et la texture de bruit vont changer en fonction de la force choisie par l'utilisateur pour chaque reconstruction. Pour une image bruyante, il est conseillé d'utiliser la force 1. La force 5 donne une image lisse. Le nombre d'itérations et le temps de la reconstruction de l'image est indépendant de la force de pondération utilisée.

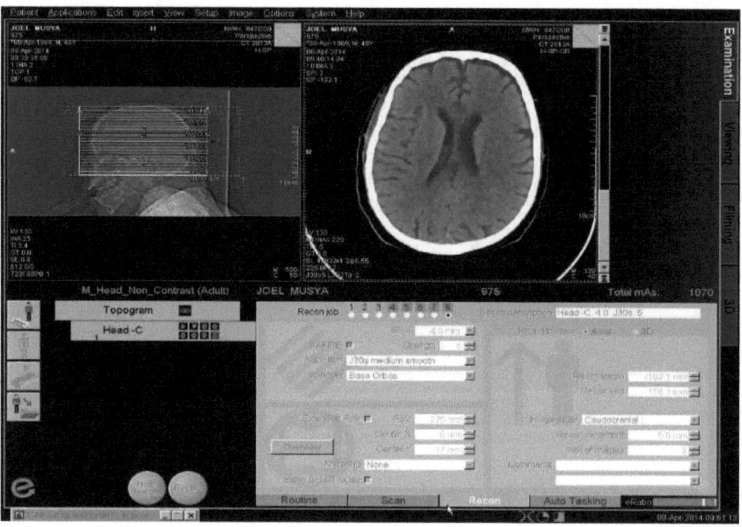

Figure V.14 : Interface de reconstruction avec la méthode SAFIRE

Les reconstructions sont faites avec les 6 types des noyaux suivants : kernel H31 ; kernel J30 strength 1 ; kernel J30 strength2 ; kernel J30 strength 3 ; kernel J30 strength 4 ; kernel J30 strength 5 (figure V.15).

Les images de reconstruction obtenues permettent de faire un diagnostic fiable selon l'avis du médecin.

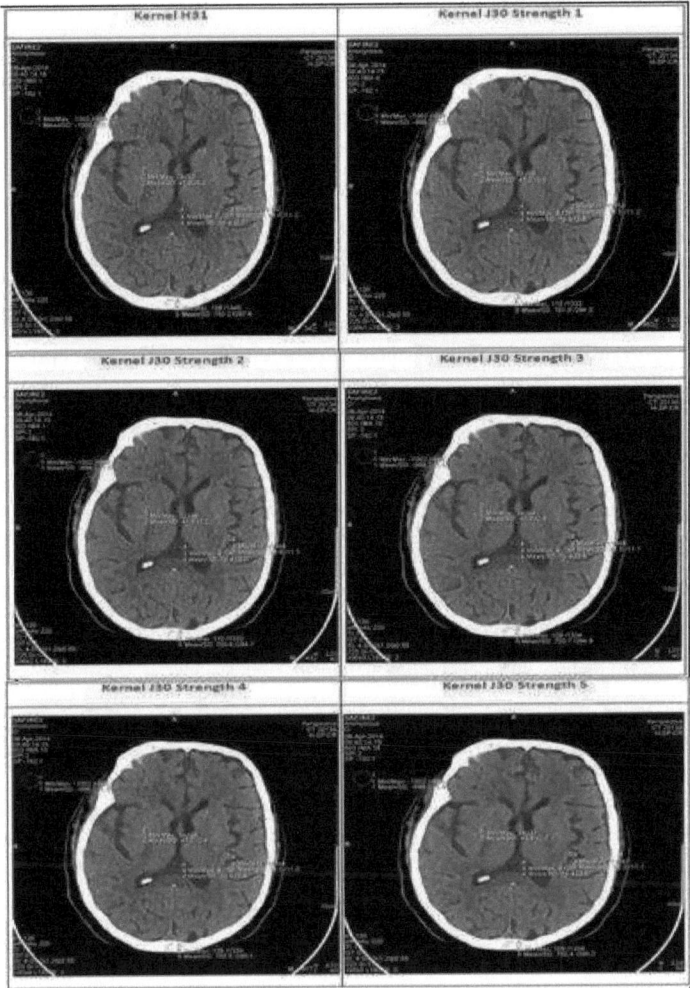

Figure V.15 : Des images réalisées avec des filtres de reconstruction

V.4. Elaboration des nouveaux NRD

Le respect des niveaux de référence n'est pas automatiquement un critère de bonne pratique. Il ne dispense aucunement de poursuivre la démarche d'optimisation des doses, en gardant comme critère permanent, indissociable de la dosimétrie, la qualité diagnostique des images. Afin d'atteindre notre objectif ultime, est d'adhérer au principe ALARA "As Low As Reasonably Achievable", c'est-à-dire d'utiliser la dose la plus faible possible, on a essayé de réduire encore plus l'irradiation du scanner, en fonction, l'évolution technique pour établir des nouveaux niveaux de référence.

Le premier examen cérébral réalisé et expliqué dans le paragraphe V.2.2, a montré que la technique de CARE Dose 4D a permis de réduire la dose délivrée au patient d'environ 27,63% par rapport à la technique standard. Le CTDI volumique relatif à cet examen était de l'ordre de 43,89 mGy. Malgré que la quantité de dose reste dans les tolérances permises et les résultats sont conformes aux valeurs des NRD recommandées par la CIPR, il sera souhaitable de réduire encore plus l'irradiation. C'est le principe même de l'optimisation. Pour atteindre cet objectif, on a réalisé un deuxième examen cérébral en combinant la technique de reconstruction itérative SAFIRE avec la technique de CARE Dose 4D.
Les résultats obtenus montrent une diminution de dose d'au moins 30 % sans altération de la qualité image. Le CTDI volumique relatif à cet examen est de l'ordre de 29,07 mGy (figure V.16). En effet bien que la technique de CARE Dose a participé efficacement à la réduction de la dose d'irradiation en adaptant les paramètres du scanner à l'anatomie du patient, l'utilisation de la technique de reconstruction itérative SAFIRE a permis également la réduction significative du bruit et par conséquent d'envisager une réduction des doses délivrées.

Les niveaux de référence diagnostiques sont définis dans la directive 97/43/EURATOM comme des niveaux de dose dans les pratiques radiodiagnostiques [4] pour des examens types sur des groupes de patients types ou sur des fantômes types, pour des catégories larges de types d'installations. Par ailleurs, pour que nos mesures soient représentatives de la pratique réelle et à fin de pouvoir comparer nos résultats aux valeurs des NRD recommandées, ils doivent être réalisées dans un grand nombre de centres et sur une large variété de scanners.

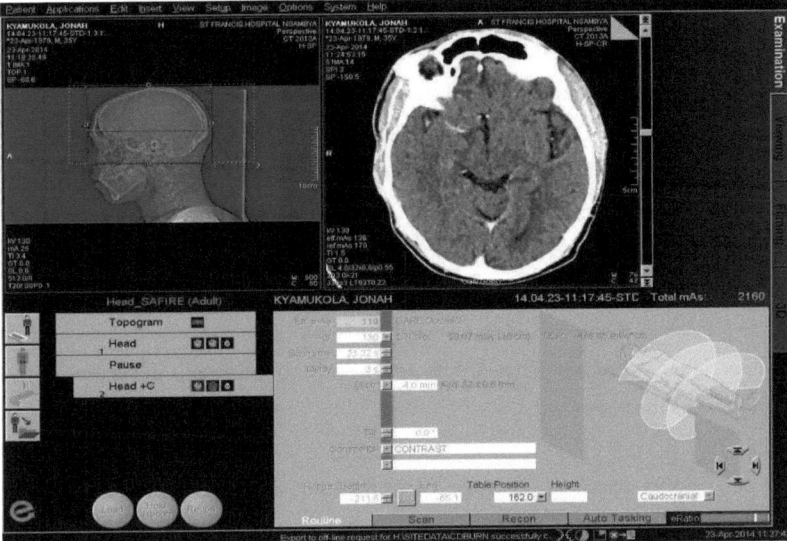

Figure V.16: CTDIvol et DLP en combinant SAFIRE et « CARE Dose 4D »

Conclusion

Le problème de la dose d'irradiation est maintenant en grande partie résolu, les scanners les plus récents peuvent en effet réduire la dose d'environ 50 % par rapport à la première génération de scanner. C'est un enjeu majeur compte tenue qu'il est un outil fondamental de diagnostic. Le niveau d'irradiation moyen délivré devient très acceptable au regard du bénéfice attendu et au regard des autres techniques irradiantes.

Les nouvelles techniques de scanographie devront être mises en œuvre en pratique courante par les radiologues, essentiellement dans le but d'améliorer la qualité diagnostique et de réduire l'irradiation du scanner.

Conclusion générale

La scanographie est actuellement la technique de radiodiagnostic susceptible de délivrer l'irradiation la plus élevée. Une meilleure justification des actes, une meilleure optimisation de ceux-ci ainsi que l'application des règles de bonnes pratiques devraient permettre d'assurer une réelle maîtrise des doses délivrées aux patients. Lors de la prescription et de la réalisation des examens TDM, il est nécessaire de connaître les outils de calcul de l'irradiation ainsi que les moyens de la réduire afin de réaliser un compromis optimal entre dose délivrée et bénéfice attendu de l'examen. Réduire la dose pour obtenir la même information diagnostique est l'application du principe d'optimisation. Elle passe par des améliorations des appareils mais aussi des pratiques médicales.

Notre objectif repose, sur la possibilité de réduire la dose d'irradiation de telle sorte qu'elle soit maintenue aussi basse qu'il est raisonnablement possible (principe ALARA), tout en s'assurant qu'elle permet d'établir un diagnostic fiable. Il sera alors possible de faire évoluer les niveaux de référence diagnostiques (NRD) qui sont des indicateurs servant de guide pour la mise en œuvre du principe d'optimisation [6] en fonction de l'amélioration des pratiques et de l'innovation technologique des appareils.

Les dispositions réglementaires relatives au contrôle de qualité des appareils de radiologie médicale prévoient, en général, un contrôle de qualité externe avant l'utilisation en routine de l'appareil. C'est pourquoi, on a commencé notre travail par la vérification des conditions techniques et de la conformité des performances du scanner utilisé qui vont nous permettre de mieux gérer une estimation des mesures de la dose délivrée au patient.

La réduction de la dose est devenue une priorité absolue dans le développement des nouveaux scanners, plusieurs innovations ont vu le jour récemment. Par ailleurs, l'évolution rapide des techniques scanographiques obligent à remettre à jour très régulièrement ces données. Afin d'évaluer la technique CARE Dose de Siemens, visant à limiter la dose, nous avons choisi d'exprimer chaque donnée dosimétrique (PDL, IDSV et doses efficaces) en fonction de 3 régions anatomiques distinctes, chacune traduisant la radiosensibilité des tissus et organes qui la composent : tête, thoraco-abdomino-pelvien, membres.

Les résultats montrent que la technique de CARE Dose 4D, a permis de réduire la dose délivrée au patient d'environ 27,63% pour l'examen cérébral et de 32,56% pour l'examen thoraco-abdomino-pelvien par rapport aux examens réalisés avec la technique standard. En effet, la technique du CARE Dose 4D délivre une dose de rayonnement optimisée pour chaque type d'examen et ajuste le courant du tube en conséquence pour les différentes parties du corps. Cela permet de maintenir une qualité d'image satisfaisante pour le diagnostic, tout en optimisant la dose d'irradiation.

La dose efficace a été estimée en se basant sur les facteurs de conversion en fonction de la région anatomique [4] Dans cette approche, le PDL de l'examen délivré par la console du scanner a été multiplié par le facteur de conversion spécifique de la région irradiée pour estimer cette dose. Sachant que la dose efficace est l'indicateur dosimétrique recommandé au niveau international pour quantifier l'exposition d'une population aux rayonnements ionisants [4] Il s'agit d'un indicateur global du risque stochastique à long terme, qui permet la comparaison et le suivi dans le temps des doses délivrées par différents types d'actes.

Les reconstructions itératives sont un nouveau mode de reconstruction d'image qui permet de réduire le bruit de l'image avec une dose délivrée au patient équivalente. Des logiciels utilisant la méthode SAFIRE, permettent de calculer directement les indicateurs dosimétriques à partir du paramètre scanographique choisis par l'opérateur lors de la réalisation de l'acte. Pour tester les performances de cette technique, nous avons réalisé un examen cérébral d'un patient en utilisant cette option. Les résultats ont montré que la méthode SAFIRE a permis de réduire le bruit de l'image sans nuire à sa qualité ni à la visualisation des détails et par conséquent d'envisager une réduction des doses délivrées.

Bien que la quantité de dose reste dans les tolérances permises dans les deux examens précédents et que les résultats soient conformes aux valeurs des NRD recommandées par la CIPR [6] il serait souhaitable de réduire encore plus les doses dans les limites compatibles avec la qualité des images requises pour le diagnostic. C'est le principe même de l'optimisation. Pour atteindre cet objectif, on a réalisé un deuxième examen cérébral en combinant la technique de reconstruction itérative SAFIRE avec la technique de CARE Dose. Les résultats obtenus montrent une diminution de dose d'au moins 30 % sans altération de la qualité image.

Cette étude, doit être complétée par une campagne nationale de mesures visant à l'établissement de niveaux de référence. La généralisation et la centralisation des mesures effectuées devraient fournir une base de données permettant de connaître le niveau réel de l'irradiation médicale du à ce type d'examen en Tunisie.

Références bibliographiques

[1] Brenner D J, Elliston C D, Hall E J and Berdon – 2001: Estimated risks of radiation induced fatal cancer from pediatric CT.

[2] Chen W, Kolditz D and al – 2012: Fast on-site Monte Carlo tool for dose calculations in CT applications.

[3] Deak P, Langner O, Lell M and al – 2009: Effects of adaptive section collimation on patient radiation dose in multisection spiral CT Radiology.

[4] Guide pratique de radioprotection – Juillet 2008 en collaboration avec l'IRSN (institut de radioprection et de sureté nucléaire).

[5] Rapport de l'IRSN, Publication 103 de la CIPR 'Recommandation 2007 de la commission internationale de protection radiologique.

[6] International Commission on Radiological Protection 1990 recommandation of the international commission on radiological protection (Report 60).

[7] Rapport 'Exposition médicale de la population française aux rayonnements ionisants' de l'IRSN (Institut de radioprotection et de sureté nucléaire) et IVS (Institut de veille sanitaire) 2007.

[8] G.Ferretti, A.Jankowski and al–2008 : Doses d'exposition des examens radiologiques thoraciques, clinique universitaire de radiologie et imagerie médicale.

[9] Radial Cline North Am – 2009: January, Strategies for Reducing Radiation Dose in CT.

[10] Jijo Paula and al – 2010: Effect of contrast material on image noise and radiation dose in adult chest computed tomography using automatic exposure control: A comparative study between 16, 64 and 128-slice CT.

[11] Hohl C, Muhlenbruch G, Wild Berger JE, et al – 2006: Estimation of radiation exposure in low-dose multislice Computed tomography of the heart and comparison with a calculation program.

[12] Hyun Joo Shin, and al – 2013: .Radiation Dose Reduction via Sinogram Affirmed Iterative Reconstruction and Automatic Tube Voltage Modulation (CARE kV) in Abdominal CT.

[13] Tadanori Takata and al – 2011: Image Quality Evaluation of New Image Reconstruction Methods Applying the Iterative Reconstruction.

[14] Pei Nie and al – 2011: Impact of Sinogram Affirmed Iterative Reconstruction (SAFIRE) Algorithm on Image Quality with 70 kVp-Tube- Voltage Dual-Source CT Angiography in Children with Congenital Heart Disease.

[15] HJ Brisse (1) et B Aubert (2) résultats de l'enquête dosimétrique SFIPP/IRSN – 2007,2008 : Niveaux d'exposition en tomodensitométrie multicoupes pédiatrique.

[16] John O. Johnson, MD, Jon M. Robins, MD –2008: CT Imaging: Radiation Risk Reduction- Real-Life Experience in a Metropolitan Outpatient Imaging Network.

[17] D. Mehta, R. Thompson and al – 2011: Iterative model reconstruction simultaneously lowered computed tomography radiation dose and improved image quality Philips Healthcare.

[18] Cynthia H. Mc Collough and al–2009 January: Strategies for Reducing Radiation Dose in CT.

[19] J Am Coll Radiol–2014 : Practical Strategies to Reduce Pediatric CT Radiation Dose.

[20] Brenner DJ, Hall EJ and al – 2007: Computed tomography: an increasing source of radiation exposure.

I want morebooks!

Buy your books fast and straightforward online - at one of the world's fastest growing online book stores! Environmentally sound due to Print-on-Demand technologies.

Buy your books online at
www.get-morebooks.com

Achetez vos livres en ligne, vite et bien, sur l'une des librairies en ligne les plus performantes au monde!
En protégeant nos ressources et notre environnement grâce à l'impression à la demande.

La librairie en ligne pour acheter plus vite
www.morebooks.fr

SIA OmniScriptum Publishing
Brivibas gatve 1 97
LV-103 9 Riga, Latvia
Telefax: +371 68620455

info@omniscriptum.com
www.omniscriptum.com

Printed by Books on Demand GmbH, Norderstedt / Germany